例題から学ぶ
数学Ⅱ

　本書は，高等学校で学習する「数学Ⅱ」用の問題集です。例題編とともに「例題から学ぶ数学Ⅱ」シリーズを構成します。

　例題編には典型的な問題が示されていますから，本書の学習においても随時例題編を参照することで解き方が確認できます。

本書の構成と使い方

基本問題………教科書の内容を着実に理解するための問題です。

標準問題………教科書の内容が理解できれば解くことが可能なレベルの問題です。

応用問題………応用力が必要とされる高度な問題です。大学入試に匹敵する問題も取り上げました。

▶例題 No.……各問題の右へ，同じ解き方をする例題編の例題番号を付記しました。正しい解き方が確認できます。

(▶例題 No.)…全く同じ解法ではないものの，解くときの参考になる例題番号を付記してあります。

≪ヒント≫……解くのに工夫が必要な問題には，欄外へ問題番号とともにヒントを示しました。

＊印…………短時間で全体を一通り学習する際には，この印が付いた問題のみに当たることが有効です。

こたえ………巻末に最終的な答えのみを掲載しました。詳解集で詳しく解説しました。

問題数………基本問題 183／標準問題 252／応用問題 167／合計 602 題

1 整式の乗法・除法と分数式

基本問題

1 次の式を展開せよ。
    (1) $(a+2)^3$ *(2) $(x+3y)^3$ (3) $(2a-1)^3$ *(4) $(-2x+3y)^3$
    ▶例題1

2 次の式を展開せよ。
    (1) $(a+4)(a^2-4a+16)$ (2) $(3x-1)(9x^2+3x+1)$
    (3) $(2a+3b)(4a^2-6ab+9b^2)$ (4) $(4x-5y)(16x^2+20xy+25y^2)$
    ▶例題2

3 次の式を因数分解せよ。
    *(1) a^3+8 (2) x^3-64 (3) $27a^3+1$ *(4) $8x^3-27y^3$
    ▶例題3

4 次の式を因数分解せよ。
    *(1) $x^3+6x^2+12x+8$ (2) $8x^3-12x^2+6x-1$
    ▶例題4

標準問題

*5 次の式を展開せよ。
    (1) $(x+2y)^3(x-2y)^3$ (2) $(a+3)(a-3)(a^4+9a^2+81)$
    (3) $\left(x+\dfrac{3}{x}\right)^3$ (4) $\left(a-\dfrac{1}{a}\right)\left(a^2+1+\dfrac{1}{a^2}\right)$
    ▶例題1, 2

6 次の式を因数分解せよ。
    *(1) $2a^4b+16ab^4$ (2) $(x-2)^3-64$
    (3) $x^6-7x^3y^3-8y^6$ *(4) a^6-b^6
    ▶例題3

7 次の式を因数分解せよ。
    *(1) $x^3+12x^2y+48xy^2+64y^3$ (2) $27a^3-54a^2b+36ab^2-8b^3$
    ▶例題4

▶▶▶▶▶▶▶▶▶▶▶▶▶▶ 応用問題 ◀◀◀◀◀◀◀◀◀◀◀◀◀◀

8 次の式を因数分解せよ。
    (1) $a^3+b^3+8c^3-6abc$ (2) $x^3+y^3-3xy+1$
    (3) $(x+y+z)^3-x^3-y^3-z^3$
    ▶例題5

2 二項定理

9 二項定理を用いて，次の式を展開せよ。

(1) $(x+2)^4$ (2) $(a-b)^4$ *(3) $(2a+b)^5$

*(4) $(3x-2y)^5$ *(5) $\left(x-\dfrac{1}{3}\right)^6$ (6) $\left(x+\dfrac{1}{x}\right)^6$

▶例題6

*10 次の式を展開したとき，〔 〕内の項の係数を求めよ。

(1) $(a+4)^5$ 〔a^3〕   (2) $(3a+b)^6$ 〔a^2b^4〕   (3) $(2a-3b)^7$ 〔a^4b^3〕

▶例題7

11 次の式を展開したとき，〔 〕内の項の係数を求めよ。

(1) $(a+b+c)^6$ 〔ab^3c^2〕   (2) $(x+y-2z)^8$ 〔x^5y^2z〕

▶例題8

*12 次の式を展開したとき，〔 〕内の項の係数を求めよ。

(1) $(x^2+2y)^6$ 〔x^6y^3〕   (2) $(x^3-4x)^4$ 〔x^8〕

(3) $\left(x-\dfrac{2}{x}\right)^7$ 〔x^3〕   (4) $\left(x^2+\dfrac{1}{x}\right)^6$ 〔定数項〕

▶例題6

13 次の式を展開したとき，〔 〕内の項の係数を求めよ。

*(1) $(x^2-x+2)^4$ 〔x^3〕   (2) $(x^2+3x-1)^5$ 〔x^4〕

▶例題9

14 $(1+x)^n$ を二項定理を用いて展開した式を利用して，次の等式を証明せよ。

(1) $_nC_0+3_nC_1+3^2{}_nC_2+\cdots+3^{n-1}{}_nC_{n-1}+3^n{}_nC_n=4^n$

(2) $_nC_0-\dfrac{_nC_1}{2}+\dfrac{_nC_2}{2^2}-\dfrac{_nC_3}{2^3}+\cdots+(-1)^n\cdot\dfrac{_nC_n}{2^n}=\left(\dfrac{1}{2}\right)^n$

▶例題11

▶▶▶▶▶▶▶▶▶▶▶▶▶▶|応|用|問|題|◀◀◀◀◀◀◀◀◀◀◀◀◀◀

15 次の余りを求めよ。

*(1) 3^{10} を 4 で割った余り   (2) 4^9 を 27 で割った余り

▶例題10

16 等式 $(1+x)^n(x+1)^n=(1+x)^{2n}$ を用いて，次の等式を証明せよ。

$$_nC_0{}^2+{}_nC_1{}^2+{}_nC_2{}^2+\cdots+{}_nC_n{}^2={}_{2n}C_n$$

▶例題11

基本問題

17 次の整式 A を整式 B で割った商と余りを求めよ。
　*(1)　$A = x^2 + 6x + 8$,　$B = x + 2$
　(2)　$A = 2x^2 + 5x - 7$,　$B = 2x + 1$
　*(3)　$A = -4x^2 + 4x + 3$,　$B = 2x - 1$
　(4)　$A = a^3 - 5a + 6$,　$B = a - 1$

▶例題12

18 次の整式 A を整式 B で割った商と余りを求めよ。
　(1)　$A = 3x^3 - x^2 - 5$,　$B = x^2 - x + 3$
　*(2)　$A = 9 - 3x + 4x^2 - 4x^3$,　$B = 3 - 2x$
　*(3)　$A = x^3 + 2x^2 - 1$,　$B = 2x^2 + 4$
　(4)　$A = -2x^3 + x^2 + 1$,　$B = 2x + 1$

▶例題12

19 次の整式 A を整式 B で割った商と余りを求めよ。
　(1)　$A = x^4 - 2x^2 + 3$,　$B = x + 1$
　*(2)　$A = x^4 + x^2 + 1$,　$B = x^2 - x + 1$
　*(3)　$A = x^4 + 4$,　$B = x^2 + 2x - 1$
　(4)　$A = 1 - x^4$,　$B = 1 - x + x^2 - x^3$

▶例題12

*20 次の整式 A を整式 B で割った商と余りを求め，その結果を $A = BQ + R$ の形で表せ。
　(1)　$A = 2x^2 + 9x - 2$,　$B = x + 5$　　　(2)　$A = 3x^3 - 5x^2 + 4x - 3$,　$B = x - 2$
　(3)　$A = x^3 - 8x + 8$,　$B = x^2 - 3x + 2$

▶例題13

標準問題

21 次の整式 A を整式 B で割った商と余りを求めよ。
　*(1)　$A = x^2 - 3x + 1$,　$B = x - a$
　(2)　$A = x^2 + ax + 3$,　$B = x + 1$
　*(3)　$A = x^3 + ax^2 - 1$,　$B = x^2 - 1$
　(4)　$A = x^3 + 2ax^2 - 3a^2x - 4a^3$,　$B = x + a$

▶例題12

22 次の問いに答えよ。

*(1) 整式 A を $2x^2-x+3$ で割ると，商が $2x+1$ で余りが $-4x+2$ になる。整式 A を求めよ。

(2) 整式 A を x^2-3 で割ると，商が $-x^2+2x+3$ で余りが $x+1$ になる。整式 A を求めよ。

▶例題13

23 次の問いに答えよ。

(1) x^3-2x^2-5x+6 を整式 A で割ると，割り切れて商が x^2+x-2 となる。整式 A を求めよ。

*(2) x^3+4x^2-x-3 を整式 A で割ると，商が x^2+2x-5 で余りが 7 となる。整式 A を求めよ。

(3) 整式 $4x^3-4x^2-15x+25$ を整式 A で割ると，商が $(x+2)A$ で余りが 7 となる。整式 A を求めよ。

▶例題13

***24** 整式 A を $x-1$ で割ると，商が Q で余りが 5 になる。この Q を $x+1$ で割ると，商が $2x-1$ で余りが -3 である。このとき，整式 A を求めよ。

(▶例題13)

25 次の A，B を x についての整式とみて A を B で割った商と余りを求めよ。

*(1) $A=3x^2+2xy-8y^2$，$B=3x-4y$

(2) $A=x^4+x^2y^2+y^4$，$B=x^2+xy+y^2$

(▶例題12)

▶▶▶▶▶▶▶▶▶▶▶▶▶▶▶ |応|用|問|題| ◀◀◀◀◀◀◀◀◀◀◀◀◀◀◀

26 整式 $x^2-2xy+3y^2+x+6y-1$ を整式 $x+3y$ で割るとき，次の問いに答えよ。

(1) x についての整式とみて，割ったときの商と余りを求めよ。

(2) y についての整式とみて，割ったときの商と余りを求めよ。

(▶例題12)

27 整式 A を $x+2$ で割ると余りは -3 で，そのときの商をさらに $2x+5$ で割ると余りは 6 である。このとき，整式 A を $2x+5$ で割った余りを求めよ。

(▶例題12)

***28** $x=\dfrac{1-\sqrt{5}}{2}$ のとき，次の式の値を求めよ。

(1) x^2-x-1 (2) x^3+3x^2-9x-2 ▶例題14

≪ヒント≫23 (3) $4x^3-4x^2-15x+25=A\cdot(x+2)A+7$ より，A^2 について計算すると完全平方式（平方で表すことのできる式）になる。

    27 整式 A を $x+2$ で割ったときの商を Q，Q を $2x+5$ で割ったときの商を R として，関係式をつくる。

基 本 問 題

29 次の式を既約分数式に直せ。 ▶例題15

*(1) $\dfrac{6x^3y}{2xy^2}$

(2) $\dfrac{-9a^2bc^3}{24b^2c}$

(3) $\dfrac{x^2y^2+2xy}{8xy}$

*(4) $\dfrac{x^2-2x-8}{x^2-x-6}$

*(5) $\dfrac{a^2+ab+b^2}{a^3-b^3}$

*(6) $\dfrac{6x^2+xy-2y^2}{10x^2-xy-2y^2}$

30 次の計算をせよ。 ▶例題15

*(1) $\dfrac{(-3a^2b)^2}{xy}\times\dfrac{3x}{(2ab)^2}$

*(2) $\dfrac{(-2a^2b)^3}{x^2}\div\dfrac{(-ab)^4}{x^3y^2}$

*(3) $\dfrac{x}{x-2}\times\dfrac{x-1}{x^2-x}$

*(4) $\dfrac{a^2+2a-3}{a^2+3a+2}\div\dfrac{a+3}{a^2+2a}$

(5) $\dfrac{x^2+3x+2}{x^2-1}\div(x^2-4)$

(6) $\dfrac{2x^2-5x-3}{x^2+x-6}\div\dfrac{6x^2+x-1}{x^2-2x}\times\dfrac{3x-1}{x-3}$

31 次の計算をせよ。 ▶例題16

(1) $\dfrac{1}{x}+\dfrac{4}{x}-\dfrac{2}{x}$

*(2) $\dfrac{2a}{x}-\dfrac{3a}{2x}-\dfrac{4a}{5x}$

*(3) $\dfrac{1}{ab}+\dfrac{1}{bc}+\dfrac{1}{ca}$

(4) $\dfrac{1}{ax}+\dfrac{1}{bx}+\dfrac{1}{cx}$

*32 次の計算をせよ。 ▶例題16

(1) $\dfrac{x^2-3}{x-3}-\dfrac{2x}{x-3}$

(2) $\dfrac{4x}{2x-1}+\dfrac{2}{1-2x}$

(3) $\dfrac{1}{x-3}-\dfrac{1}{x-5}$

(4) $\dfrac{x}{4(x-4)}+\dfrac{4}{x(4-x)}$

(5) $\dfrac{2x-1}{x^2+4x}-\dfrac{x-2}{x^2+2x-8}$

(6) $\dfrac{x-3}{x^2-x-12}-\dfrac{x-5}{x^2+x-20}$

標 準 問 題

33 次の計算をせよ。 ▶例題16

*(1) $\dfrac{2x-7}{x^2-x-2}+\dfrac{x-3}{2x^2-9x+10}+\dfrac{3x-4}{2x^2-3x-5}$

(2) $\dfrac{b}{(a+b)(b+c)}+\dfrac{c}{(b+c)(c+a)}+\dfrac{a}{(c+a)(a+b)}$

*(3) $\dfrac{1}{x+y}+\dfrac{1}{x-y}+\dfrac{2x}{x^2+y^2}+\dfrac{4x^3}{x^4+y^4}$

(4) $\dfrac{1}{x}+\dfrac{1}{x+2}-\dfrac{1}{x+4}-\dfrac{1}{x+6}$

34 次の分数式を簡単にせよ。 ▶例題18

(1) $\dfrac{\dfrac{x+3}{x}}{\dfrac{x^2-9}{x^2}}$

*(2) $\dfrac{1+\dfrac{1}{x+1}}{1-\dfrac{1}{x+1}}$

(3) $\dfrac{\dfrac{1}{x}-\dfrac{1}{x+2}}{\dfrac{1}{x}+\dfrac{1}{x+2}}$

*(4) $1-\dfrac{1}{1-\dfrac{x}{x-1}}$

35 次の計算をせよ。 ▶例題17, 19

(1) $\dfrac{1}{x(x+1)}+\dfrac{1}{(x+1)(x+2)}+\dfrac{1}{(x+2)(x+3)}+\dfrac{1}{(x+3)(x+4)}$

(2) $\dfrac{x^2+3x-1}{x-2}-\dfrac{x^2-4x+4}{x-3}-6$

▶▶▶▶▶▶▶▶▶▶▶▶▶▶ |応|用|問|題| ◀◀◀◀◀◀◀◀◀◀◀◀◀◀

*36 $\dfrac{x+2}{x+1}-\dfrac{x+4}{x+3}-\dfrac{x+5}{x+4}+\dfrac{x+7}{x+6}$ を計算せよ。

▶例題16, 17

37 $\left(\dfrac{3x^2}{x+1}-\dfrac{2x^3-x^2}{x^2+\dfrac{x-1}{2}}\right)\div\left(1-\dfrac{1}{1+\dfrac{1}{x}}\right)$ を計算せよ。

▶例題18

38 次の計算をせよ。

(1) $\dfrac{x^2-yz}{(x+y)(z+x)}+\dfrac{y^2-zx}{(y+z)(x+y)}+\dfrac{z^2-xy}{(z+x)(y+z)}$

(2) $\dfrac{y+z}{(x-y)(x-z)}+\dfrac{z+x}{(y-z)(y-x)}+\dfrac{x+y}{(z-x)(z-y)}$

(3) $\dfrac{a^2}{(a-b)(a-c)}+\dfrac{b^2}{(b-c)(b-a)}+\dfrac{c^2}{(c-a)(c-b)}$

▶例題16

*39 $x^2+\dfrac{1}{x^2}=5$ $(x>1)$ のとき，次の値を求めよ。

(1) $x+\dfrac{1}{x}$ (2) $x^3+\dfrac{1}{x^3}$ (3) $x^3-\dfrac{1}{x^3}$ (▶例題3)

≪ヒント≫33 (4) $\dfrac{1}{x}-\dfrac{1}{x+4}$, $\dfrac{1}{x+2}-\dfrac{1}{x+6}$ を先に計算すると分子が簡単になる。

36 $\dfrac{x+2}{x+1}=\dfrac{x+1+1}{x+1}=\dfrac{x+1}{x+1}+\dfrac{1}{x+1}=1+\dfrac{1}{x+1}$ のように分子の次数を下げてから計算する。

39 (3) $x^3-\dfrac{1}{x^3}=\left(x-\dfrac{1}{x}\right)\left(x^2+x\cdot\dfrac{1}{x}+\dfrac{1}{x^2}\right)$, $x-\dfrac{1}{x}$ の値は $\left(x-\dfrac{1}{x}\right)^2$ として求める。

5 複素数

40 次の数を虚数単位 i を用いて表せ。　　　　　　　　　　　▶例題20

(1) $\sqrt{-32}$ 　　　　(2) $\sqrt{-\dfrac{16}{25}}$ 　　　　(3) -12 の平方根

41 次の複素数の実部と虚部を求め，共役複素数を答えよ。　　　▶例題21

(1) $3+4i$ 　　　(2) $-i$ 　　　(3) 2 　　　(4) $\dfrac{1}{2}+\dfrac{3}{2}i$

*42 次の計算をせよ。　　　　　　　　　　　　　　　　　　　　▶例題22
(1) $(5+2i)+(-4+3i)$ 　　　　(2) $(4-2i)-2(3-i)$
(3) $(2+3i)^2$ 　　　　(4) $(4+3i)(4-3i)$
(5) $(5i-1)(3-2i)$ 　　　　(6) $2i(1-3i)+(5i-2)(3-2i)$

43 次の計算をせよ。　　　　　　　　　　　　　　　　　　　　▶例題22

(1) $\dfrac{2}{3i}$ 　　*(2) $\dfrac{3}{2+i}$ 　　(3) $\dfrac{4}{-1+\sqrt{3}i}$ 　*(4) $\dfrac{\sqrt{5}-i}{\sqrt{5}+i}$

*(5) $\dfrac{1+i}{3-i}-\dfrac{4}{3+i}$ 　　　　(6) $\dfrac{3i}{1+i}+\dfrac{5}{3-i}$

44 次の等式が成り立つような実数 x, y の値を求めよ。　　　▶例題23

(1) $(-2x+1)+(3-y)i=0$ 　　*(2) $(2x+y)-(4x-2y)i=5$
(3) $(3x-2y)+(x+2)i=2+yi$ 　　*(4) $(1+i)x+(-3+4i)y=1-6i$

45 i を用いて次の計算をせよ。　　　　　　　　　　　　　　　▶例題26

(1) $\sqrt{-3}\times\sqrt{-6}$ 　　　　(2) $\dfrac{\sqrt{-36}}{\sqrt{-6}}$

(3) $\dfrac{\sqrt{15}}{\sqrt{-12}}$ 　　　　(4) $\dfrac{\sqrt{5}}{\sqrt{-10}}$

46 次の(ア)～(エ)の等式の中で成り立つものをすべて選べ。　　▶例題27

(ア) $\sqrt{3}\times\sqrt{-5}=\sqrt{-15}$ 　　　(イ) $\dfrac{\sqrt{6}}{\sqrt{-2}}=\sqrt{-3}$

(ウ) $\sqrt{-2}\times\sqrt{-3}=\sqrt{6}$ 　　　(エ) $\sqrt{\dfrac{2}{3}}=\dfrac{\sqrt{-2}}{\sqrt{-3}}$

47 次の計算をせよ。 ▶例題22

*(1) $(3-i)^3$ (2) $(2i-3)(4i^2+6i+9)$ (3) $(2+i)(2i-1)(3-2i)$

*(4) $i^{15}-i^{14}+i^{13}-i^{12}$ *(5) $i\left(\dfrac{1}{i}-i\right)\left(\dfrac{1}{1+i}-2\right)$

48 次の等式が成り立つような実数 x, y の値を求めよ。 ▶例題23

(1) $(2+i)(x-2)-(5-2i)(y+1)=8-5i$

(2) $(x+i)^2+(1-yi)^2=1+2i$ *(3) $\dfrac{x+yi}{2-i}=i$

49 2つの複素数 $x+yi$ と $3+4i$ の和も積も実数となるような実数 x, y の値を求めよ。 (▶例題23)

50 $x=\dfrac{3+2i}{4}$, $y=\dfrac{3-2i}{4}$ であるとき，次の値を求めよ。 (▶例題22)

(1) $x+y$ (2) xy (3) $\dfrac{x}{y}+\dfrac{y}{x}$

***51** 複素数 $\dfrac{a-i}{2+i}+\dfrac{1+ai}{2-i}$ が，純虚数になるときと実数になるときの実数 a の値をそれぞれ求めよ。また，そのときの純虚数，実数を求めよ。 ▶例題24

52 2乗して $4-3i$ になる複素数 z を求めよ。 ▶例題25

▶▶▶▶▶▶▶▶▶▶▶▶▶ 応 用 問 題 ◀◀◀◀◀◀◀◀◀◀◀◀◀

53 $x=\dfrac{-\sqrt{2}+\sqrt{2}\,i}{2}$ のとき，x^{100} の値を求めよ。 (▶例題22)

54 次の問いに答えよ。 (▶例題21, 24)

(1) α, β を互いに共役な複素数とする。このとき，$\alpha+\beta$, $\alpha\beta$ はいずれも実数となることを示せ。

(2) α, β を虚数とする。$\alpha+\beta$, $\alpha\beta$ がいずれも実数であるとき，α, β は互いに共役な複素数であることを示せ。

≪ヒント≫**51** 与式を $A+Bi$ の形に変形する。純虚数は $A=0$ かつ $B\neq0$ のとき，実数は $B=0$ のとき。

53 x^2 に注目すればこの問題の x^{100} は ω （1の虚数立方根で，$\omega^3=1$）のように周期的に考察できる。

54 (1) a, b を実数として $\alpha=a+bi$, $\beta=a-bi$ とおくことができることを利用する。

(2) a, b, c, d を実数として $\alpha=a+bi$, $\beta=c+di$ とおき，$c=a$, $d=-b$ となることを導く。(1) とは逆の命題であることに注意。

基本問題

55 次の２次方程式を解け。

*(1) $x^2+3x-10=0$

(2) $3x^2-8x-3=0$

*(3) $4x^2-20x+25=0$

(4) $2x^2-7x-15=0$

*(5) $3x^2-2x+2=0$

(6) $\frac{1}{2}x^2+\frac{1}{3}x-\frac{1}{4}=0$

(7) $-2x^2+5x-4=0$

*(8) $(x-3)^2-4(x-3)+8=0$

▶例題28

*56 次の２次方程式の解を判別せよ。ただし，a は実数とする。

(1) $x^2+5x+3=0$

(2) $4x^2-3\sqrt{2}\,x+2=0$

(3) $3x^2+4\sqrt{3}\,x+4=0$

(4) $x^2-3ax+a^2-1=0$

▶例題29

*57 ２次方程式 $x^2-2(k-3)x+k-1=0$ が重解をもつように定数 k の値を定めよ。
また，そのときの重解を求めよ。

▶例題30

*58 次の２次方程式の解の和と積をそれぞれ求めよ。

(1) $x^2+3x-2=0$

(2) $x^2-4x=0$

(3) $2x^2-x+5=0$

▶例題31

*59 $x^2-2x+5=0$ の２つの解を α，β とするとき，次の式の値を求めよ。

(1) $\alpha+\beta$

(2) $\alpha^2+\beta^2$

(3) $\frac{1}{\alpha}+\frac{1}{\beta}$

(4) $\alpha^3+\beta^3$

▶例題35

標準問題

60 次の２次方程式を解け。

(1) $x^2-3\sqrt{2}\,x+4=0$

(2) $\sqrt{3}\,x^2+(\sqrt{3}-1)x-1=0$

(3) $4x^2-(2-4\sqrt{3})x+3-\sqrt{3}=0$

(4) $x^2+6x+4-2\sqrt{6}=0$

▶例題28

61 a を実数の定数とする。次の２次方程式の解を判別せよ。

(1) $2x^2-3x-a=0$

(2) $x^2-2(a-1)x+3a-5=0$

(3) $x^2-4(a-1)x-4a+3=0$

▶例題29

62 k を実数の定数とする。方程式 $x^2+2x-4=k(x-1)$ は虚数解をもたないことを示せ。

（▶例題30）

*63 2つの2次方程式 $x^2-2kx+4=0$, $x^2+(k-1)x+k^2=0$ がどちらも虚数解をもつように定数 k の値の範囲を定めよ。

（▶例題30）

64 k を実数の定数とする。方程式 $kx^2-2(k-4)x+1=0$ がただ1つの実数解をもつような k の値を求めよ。

（▶例題30）

65 k を実数の定数とするとき，方程式 $(3-k)x^2-kx+1=0$ の解を判別せよ。

▶例題30

66 $2x^2+3x+4=0$ の2つの解を α, β とするとき，次の式の値を求めよ。

(1) $(\alpha-1)(\beta-1)$　　　　(2) $\alpha^2+\beta^2$　　　　(3) $\dfrac{\beta}{\alpha}+\dfrac{\alpha}{\beta}$

(4) $\dfrac{\alpha^2}{\alpha+2}+\dfrac{\beta^2}{\beta+2}$　　　　(5) $\alpha^4+\beta^4$　　　　(6) $\alpha-\beta$

▶例題35

67 2次方程式 $x^2-(a+2)x+3a-2=0$ の2つの解を α, β とする。$\alpha^2-\alpha\beta+\beta^2=16$ となるように実数の定数 a の値を定めよ。

（▶例題35）

*68 次の問いに答えよ。

(1) 2次方程式 $2x^2+3x+p=0$ の解の比が $1:2$ であるとき，定数 p の値と2つの解をそれぞれ求めよ。

(2) 2次方程式 $x^2-px-p-1=0$ の解の差が1であるとき，定数 p の値と2つの解をそれぞれ求めよ。

(3) 2次方程式 $x^2-12x+p=0$ の1つの解が他の解の2乗であるとき，定数 p の値と2つの解をそれぞれ求めよ。

▶例題36

▶▶▶▶▶▶▶▶▶▶▶▶▶▶▶ |応|用|問|題| ◀◀◀◀◀◀◀◀◀◀◀◀◀◀◀

69 m, k をそれぞれ実数とする。2次方程式 $x^2-(4k-2m)x+(k+1)=0$ がすべての m に対して実数解をもつような k の値の範囲を求めよ。

（▶例題30）

- -

≪ヒント≫**64**，**65** x^2 の係数が文字で与えられているので，それが0になる場合とならない場合で分けて考える。0になる場合は1次方程式になるので判別式が使えないことに注意する。

67 解と係数の関係を用いて，a についての方程式をつくる。

69 まず x についての判別式をとると，m，k の式となる。この式がどのような m についても正または0になるための k の条件を求める。

7 2次方程式の応用

基 本 問 題

70 次の 2 次式を複素数の範囲で 1 次式の積に因数分解せよ。

(1) x^2-3 (2) x^2+1 (3) x^2-2x+4

▶例題32

71 次の 2 数を解とする 2 次方程式を 1 つ求めよ。

*(1) 2, 3   (2) $2+\sqrt{3}$, $2-\sqrt{3}$ *(3) $\dfrac{1+3i}{2}$, $\dfrac{1-3i}{2}$

▶例題33

72 和と積が次のように与えられた 2 数を求めよ。

*(1) 和 1, 積 -12 (2) 和 2, 積 -7 *(3) 和 3, 積 3

▶例題33

73 2 次方程式 $x^2+2x-4=0$ の解を α, β とするとき，次の 2 数を解とする 2 次方程式を 1 つ求めよ。

*(1) $\alpha+1$, $\beta+1$ *(2) α^2, β^2 (3) α^2+1, β^2+1

▶例題34

*74 2 次方程式 $x^2+ax+b=0$ の解の 1 つが $2-\sqrt{6}\,i$ であるとき，実数 a, b の値を求めよ。

▶例題37

標 準 問 題

75 2 次方程式 $x^2+ax+b=0$ $(b\neq0)$ の 2 つの解を α, β とするとき，$\dfrac{1}{\alpha}$ と $\dfrac{1}{\beta}$ を解にもつ 2 次方程式を 1 つ求めよ。

▶例題34

*76 2 次方程式 $3x^2-8x+6=0$ の解を α, β とするとき，$\alpha+\beta$, $\alpha\beta$ を解とする 2 次方程式を 1 つ求めよ。ただし，係数はすべて整数とする。

▶例題34

77 2 次方程式 $x^2+px+3=0$ の解を 2 乗した解をもつ 2 次方程式の 1 つが $x^2+2x+q=0$ と表されるとき，実数 p, q の値をそれぞれ求めよ。

▶例題34

78 次の式を，係数の範囲が ①有理数 ②実数 ③複素数 の各場合について因数分解せよ。

(1) x^4+3x^2-40 (2) $2x^4+5x^2-18$

▶例題32

79 連立方程式 $\begin{cases} x^3 - xy + y^3 = 2 \\ x + y = 3 \end{cases}$ を解け。

80 2次式 $x^2 + 4kx + 5k + 6$ が完全平方式になるように定数 k の値を定め，完全平方式を求めよ。

（▶例題30）

*81 異なる2つの実数解をもつ2次方程式 $x^2 - 2(k+4)x + k + 6 = 0$ について，次のような解をもつような定数 k の値の範囲を求めよ。

(1) 解がともに正   (2) 一方の解が正で，もう一方の解が負

▶例題41

▶▶▶▶▶▶▶▶▶▶▶▶▶▶▶▶ |応|用|問|題| ◀◀◀◀◀◀◀◀◀◀◀◀◀◀◀◀

82 $x = 2 - i$ のとき，次の問いに答えよ。

(1) $x^2 - 4x + 5 = 0$ であることを示せ。

(2) $x^4 - 5x^3 + 7x^2 + 2x - 8$ の値を求めよ。

（▶例題14）

*83 方程式 $(1+2i)x^2 + (1+5i)x - 3(2+i) = 0$ を満たす実数 x の値を求めよ。

▶例題39

84 2つの2次方程式 $x^2 + 2kx - 3 = 0$，$x^2 - x + 4k - 1 = 0$ が共通な解をもつように定数 k の値を定め，そのときの共通解を求めよ。

（▶数Ⅰ＋A例題100）

85 2次方程式 $x^2 - (k-1)x + 6 - k = 0$ の2つの解がともに整数となるように，定数 k の値を定めよ。また，そのときの整数解を求めよ。

▶例題38

86 2次方程式 $x^2 - 2mx + 3m^2 - 6 = 0$ の2つの解が，次の条件を満たすように，定数 m の値の範囲を定めよ。

(1) 2つの解がともに1より大きい

(2) 2つの解がともに1より小さい

(3) 1つの解が1より大きく，他の解が1より小さい

▶例題41

≪ヒント≫78 (1) 複2次式なので，x^2 に関して因数分解する。

      79 $(x+y)^3 = x^3 + y^3 - 3xy(x+y)$ を利用して xy の値を求める。

      80 $x^2 + 4kx + 5k + 6 = (x - \alpha)^2$ と変形できる条件を考える。

      83 係数が虚数である方程式なので実部と虚部に分けて考える。

      84 共通解を α とおき，$\alpha^2 + 2k\alpha - 3 = 0$，$\alpha^2 - \alpha + 4k - 1 = 0$ の連立方程式をたてる。

      85 解と係数の関係から α，β のみの関係式をつくり，その関係式から整数 α，β を求める。

基本問題

87 $P(x)=x^3+x^2-x+1$ を $x-2$ で割ったときの余りを次の方法で求めよ。

(1) 実際に割り算をして求めよ。

(2) 剰余の定理を利用して求めよ。

▶例題12, 42

88 次の式を [ ] 内の式で割ったときの余りを求めよ。

*(1) x^2-4x+5 $[x-2]$　　　　　(2) $2x^2-3x-6$ $[x+1]$

(3) x^3+5x-3 $[x-1]$　　　　*(4) $2x^3-x+7$ $[x+2]$

*(5) $2x^3-3x^2+8x+1$ $[2x+1]$　　　(6) $3x^3-5x^2+8x-1$ $[3x-2]$

▶例題43

*89 次の条件を満たすように，定数 a の値を定めよ。

(1) x^3-5x+a を $x-1$ で割ると 2 余る。

(2) x^3-ax+6 が $x+2$ で割り切れる。

(3) ax^3+x^2+x-1 が $2x-1$ で割り切れる。

▶例題44

90 次の条件を満たすように，定数 a, b の値を定めよ。

*(1) x^3+ax^2-5x+b は $x-1$ で割ると -8 余り，$x+3$ で割ると割り切れる。

(2) x^3+ax^2+bx-2 と x^3+x^2+ax+b は，$x-2$ で割ると余りが等しく，$x+2$ で割っても余りが等しい。

▶例題44

91 次の式を因数分解せよ。

*(1) x^3-3x^2-6x+8　　　　　(2) x^3-3x^2+x+5

(3) $x^3-2x^2-9x+18$　　　　*(4) $x^3-6x^2-4x+24$

(5) $2x^3+x^2-2x-1$　　　　　*(6) $2x^3+7x^2+4x-4$

▶例題48

標準問題

92 次の式を因数分解せよ。

*(1) $x^4+4x^3-x^2-16x-12$　　　(2) $x^4-x^3-16x^2+4x+48$

(3) $2x^3+5x^2+3x-3$　　　　*(4) $2x^4+x^3+x^2+14x+12$

▶例題48

*93 整式 $P(x)=2x^3+ax^2+bx+12$ が x^2-4 で割り切れるとき，定数 a，b の値を求めよ。

▶例題44

94 ax^3+bx^2+cx-9 は x^2+3x-4 で割ると $5x-5$ 余り，$x+3$ で割ると割り切れる。このとき，定数 a，b，c の値を求めよ。

（▶例題44，46）

*95 整式 $P(x)$ を $(x+3)(x-2)$ で割ると $2x+5$ 余る。このとき，整式 $P(x)$ を $x+3$，$x-2$ で割った余りをそれぞれ求めよ。

▶例題42

*96 次の問いに答えよ。

(1) 整式 $P(x)$ を $x+5$ で割ると -8 余り，$x-2$ で割ると 6 余る。このとき，整式 $P(x)$ を $(x+5)(x-2)$ で割った余りを求めよ。

(2) 整式 $P(x)$ は $x-1$ で割り切れ，$x+1$，$x-2$ で割ったときの余りが，それぞれ 8，5 である。このとき，$P(x)$ を $(x-1)(x+1)(x-2)$ で割ったときの余りを求めよ。

▶例題45

97 $x^{50}-2x^{25}+3$ を x^2-1 で割ったときの余りを求めよ。

▶例題45

98 整式 $P(x)$ を x^2+2x-3 で割ると余りが $x+10$，x^2+5x+6 で割ると余りが $-2x+1$ である。$P(x)$ を x^2+x-2 で割ったときの余りを求めよ。

▶例題46

▶▶▶▶▶▶▶▶▶▶▶▶▶▶▶▶ |応|用|問|題| ◀◀◀◀◀◀◀◀◀◀◀◀◀◀◀◀

99 $P(x)=x^3+ax+b$ が $(x-1)^2$ で割り切れるとき，定数 a，b の値を求めよ。

（▶例題44）

*100 整式 $P(x)$ を $x+1$ で割ると 5 余り，x^2+2 で割ると $2x+1$ 余る。このとき，整式 $P(x)$ を $(x^2+2)(x+1)$ で割った余りを求めよ。

▶例題47

101 整式 $P(x)$ を $x+2$ で割ると商が $Q(x)$ で余りが -3 であり，$Q(x)$ を $x-1$ で割ると余りが 4 である。このとき，$P(x)$ を x^2+x-2 で割ったときの余りを求めよ。

（▶例題46）

≪ヒント≫**99** x^3+ax+b が $x-1$ で割り切れて，そのときの商が $x-1$ で割り切れる。
   101 求める余りを $ax+b$ とおく。$P(x)=(x+2)Q(x)-3$，$Q(1)=4$ より，$P(1)=3Q(1)-3=9$，また，$P(-2)=-3$ である。

9　高次方程式

102 次の方程式を解け。

(1) $x^3-3x^2-4x=0$　　　　　　(2) $x^3-9x^2+27x-27=0$

(3) $8x^3-27=0$　　　　(4) $x^3=-64$　　　　(5) $x^4=16$

▶例題48

103 次の方程式を解け。

*(1) $x^3-6x^2+11x-6=0$　　　　(2) $x^3+x^2-8x-12=0$

*(3) $x^3+3x^2-7x-6=0$　　　　(4) $x^3-4x^2+3x-12=0$

▶例題49

104 次の問いに答えよ。

*(1) 3次方程式 $x^3-3x^2+ax-6=0$ が2を解にもつとき，定数 a の値と他の解をすべて求めよ。

(2) 3次方程式 $x^3+ax^2+2x+b=0$ が2と -1 を解にもつとき，定数 a, b の値と他の解を求めよ。

▶例題56

*****105** 次の方程式を解け。

(1) $x^4-x^2-6=0$　　　　　　(2) $(x^2+2x)^2-3(x^2+2x)-10=0$

(3) $(x+1)(x+2)(x+3)(x+4)=3$　　(4) $x^4+x^2+1=0$

▶例題51，52

106 次の方程式を解け。

(1) $x^4+x^3-7x^2-x+6=0$　　　(2) $x^4-9x^2+4x+12=0$

(3) $2x^4-3x^3-9x^2-x+3=0$　　(4) $4x^4+4x^3-5x^2-x+1=0$

▶例題50

107 3次方程式 $x^3=1$ の虚数解の1つを ω とするとき，次の値を求めよ。

(1) $\omega^{10}+\omega^5+1$　　　(2) $\omega(\omega+2)^2$　　　(3) $\dfrac{7}{\omega+3}-\dfrac{3}{\omega-1}$

▶例題55

*****108** 3次方程式 $x^3+ax^2+bx-5=0$ の1つの解が $1+2i$ のとき，実数の定数 a, b の値と他の解を求めよ。

▶例題60

109 2つの方程式 $x^3+x^2+x-3=0$, $x^2+ax+3=0$ について，次の条件を満たすような実数の定数 a の値を求めよ。

(1) 互いに2つの解を共有する。　　(2) 互いに1つの解のみを共有する。

(▶例題49)

110 x についての3次方程式 $x^3-(a+2)x^2+(2a+1)x-2=0$ …① について，次の問いに答えよ。

(1) ①の左辺を因数分解せよ。

(2) この方程式が重解を1つもつとき，定数 a の値を求めよ。

▶例題59

***111** 3次方程式 $x^3-(2a-1)x^2-(2a-3)x+3=0$ …① について，次の問いに答えよ。

(1) ①の左辺を因数分解せよ。

(2) ①の実数解の個数を実数の定数 a の値によって判別せよ。

▶例題59

▶▶▶▶▶▶▶▶▶▶▶▶▶▶▶ |応|用|問|題| ◀◀◀◀◀◀◀◀◀◀◀◀◀◀◀

112 $x^3-2x^2+3x-5=0$ の解を α, β, γ とするとき，次の値を求めよ。

(1) $\dfrac{1}{\alpha}+\dfrac{1}{\beta}+\dfrac{1}{\gamma}$　　　(2) $\alpha^2+\beta^2+\gamma^2$　　　(3) $\alpha^3+\beta^3+\gamma^3$

▶例題61

113 3次方程式 $x^3+px^2+qx+r=0$ が 3, $1+\sqrt{3}$, $1-\sqrt{3}$ を解にもつように，定数 p, q, r の値を定めよ。

▶例題58

114 $x^3+x^2+1=0$ の解を α, β, γ とするとき，$(\alpha^3+1)(\beta^3+1)(\gamma^3+1)$ の値を求めよ。

▶例題61

115 4次方程式 $x^4+ax^3-6x^2+bx+c=0$ が -1 を3重解としてもつとき，定数 a, b, c の値と他の解を求めよ。

(▶例題57)

116 方程式 $x^4-2x^3-x^2-2x+1=0$ …① について，次の問いに答えよ。

(1) $x=0$ は①の解でないことを示せ。

(2) ①の両辺を x^2 で割り，$x+\dfrac{1}{x}=t$ とおいて，①を t で表せ。

(3) (2)の t の方程式を解いて，①の解を求めよ。

▶例題53

≪ヒント≫112～114　3次方程式の解と係数の関係を利用する。

　　　　115 与えられた方程式は，他の解を α とすると $(x+1)^3(x-\alpha)=0$ と表せる。

基本問題

*117 次の(ア)～(オ)の式のうち，恒等式であるものをすべて選べ。

(ア) $x^2-5x-6=(x-2)(x-3)$ (イ) $(x-1)^2+2=x(x-2)+3$

(ウ) $(a+b)(a-b+1)=a^2-b^2+a+b$

(エ) $\sqrt{a^2}=a$ (オ) $\dfrac{1}{x+2}+\dfrac{1}{x-2}=\dfrac{2x}{x^2-4}$

118 次の式が x についての恒等式になるように，定数 a, b, c, d の値を定めよ。

(1) $ax^2+3x+1=2x^2+(b-3)x+1$

*(2) $a(x-1)^2-b(x+1)+c=2x^2-x+6$

*(3) $(ax+b)(x^2-3)=x^3-2x^2+cx+d$

(4) $2x^3+ax^2+bx+6=(x+1)(x-2)(cx+d)$

▶例題62

119 次の式が x についての恒等式になるように，定数 a, b, c の値を定めよ。

*(1) $ax(x+1)+b(x+1)(x-2)+cx(x-1)=x^2+3x-4$

*(2) $a(x+1)^2+b(x+2)^2+c(x+1)(x+2)=7x+10$

(3) $x^3=(x-1)^3+a(x-1)^2+b(x-1)+c$

(4) $ax(x-1)(x+1)+b(x-2)(x+1)+cx(x-2)=3x^3+x^2-9x+8$

▶例題63

*120 次の式が x についての恒等式になるように，定数 a, b, c の値を定めよ。

(1) $\dfrac{a}{x+1}-\dfrac{b}{x+3}=\dfrac{2}{(x+1)(x+3)}$

(2) $\dfrac{a}{2x+1}+\dfrac{b}{x-3}=\dfrac{x+11}{2x^2-5x-3}$

(3) $\dfrac{a}{x+2}+\dfrac{b}{x^2-2x+4}=\dfrac{2x^2-5x+c}{x^3+8}$

▶例題64

121 次の整式 A を整式 B で割った余りが R となるように，定数 a, b の値を定めよ。

*(1) $A=x^3+ax+b$, $B=(x+1)^2$, $R=x+1$

(2) $A=x^3+ax^2+bx+1$, $B=x^2-2x+3$, $R=4$

▶例題12, 62

122 次の式が x についての恒等式になるように，定数 a, b, c の値を定めよ。

(1) $\dfrac{1}{x^3-1}=\dfrac{a}{x-1}+\dfrac{bx+c}{x^2+x+1}$ (2) $\dfrac{1}{x(x-1)^2}=\dfrac{a}{x}+\dfrac{b}{x-1}+\dfrac{c}{(x-1)^2}$

(3) $\dfrac{x-1}{x^3-4x}=\dfrac{a}{x}+\dfrac{b}{x+2}+\dfrac{c}{x-2}$

▶例題64

123 任意の実数 k に対して，次の等式が成り立つように，定数 x, y の値を定めよ。

(1) $(x+y+4)+k(2x-y-1)=0$ (2) $(3+k)x+(1-2k)y+7(1-k)=0$

▶例題65

124 次の条件に適するように，定数 a, b の値を定めよ。

*(1) x^3+ax^2+4 を x^2+bx+1 で割ると余りが $-5x+3$ である。

(2) $2x^3+ax^2+ax-4$ を x^2+3x+b で割ると割り切れる。

(▶例題62)

*125 次の等式がすべての x, y について成り立つように，定数 a, b, c の値を定めよ。

(1) $a(x+y)^2+b(x-2y)^2=x^2+cxy-2y^2$

(2) $(x-y+a)(x+3y+b)=x^2+2xy-3y^2-3x+7y+c$

▶例題66

▶▶▶▶▶▶▶▶▶▶▶▶▶▶ |応|用|問|題| ◀◀◀◀◀◀◀◀◀◀◀◀◀◀

126 $x+y=3$ を満たすすべての x, y について $ax^2+bxy+cy^2=2$ が成り立つように，定数 a, b, c の値を定めよ。

▶例題67

127 $a(x-2)^3+b(x-2)^2+c(x-2)+d=2x^3-9x^2+11x+2$ が x についての恒等式になるように，定数 a, b, c, d の値を定めよ。

(▶例題63)

128 $x^4-4x^3+2x^2+ax+b$ が 2 次式の平方（完全平方式）になるように，定数 a, b の値を定めよ。

(▶例題62)

≪ヒント≫**124** (1) x^3+ax^2+4 を x^2+bx+1 で割ったとき，商は 1 次式で x^3 の係数が 1 だから商は $x+c$ と表せる。

(2) (1)と同様に考えると，x^3 の係数が 2 だから商は $2x+c$ と表せる。

(1)，(2)とも，除法の関係式から恒等式をつくる。

128 $x^4-4x^3+2x^2+ax+b=(x^2+cx+d)^2$ とし，恒等式として考える。

11 等式の証明

基 本 問 題

129 次の等式が成り立つことを証明せよ。

*(1) $(a+2b)^2-(a-2b)^2=8ab$

(2) $2a(b-c)=(a+b)(a-c)-(a-b)(a+c)$

*(3) $(a^2-1)(b^2-1)=(ab+1)^2-(a+b)^2$

▶例題68

130 次の等式が成り立つことを証明せよ。

*(1) $a+b=0$ のとき，$3a^2+5ab+2b^2=0$

(2) $a+b+c=1$ のとき，$a^2+b^2-c^2=-2(ab+c)+1$

▶例題69

131 $\dfrac{a}{b}=\dfrac{c}{d}$ のとき，次の等式が成り立つことを証明せよ。

*(1) $(a+b)(c-2d)=(a-2b)(c+d)$

(2) $(a+c):(b+d)=a:b$

▶例題71

132 $\dfrac{a}{2}=\dfrac{b}{3}$，$ab\neq0$ のとき，$\dfrac{3ab}{a^2+b^2}$ の値を求めよ。

▶例題71

標 準 問 題

133 次の等式が成り立つことを証明せよ。

(1) $(a-1)^3-(b-1)^3-(a-b)(a^2+ab+b^2)=-3(a-b)(a+b-1)$

(2) $(a+b)(b+c)(c+a)-2abc=a^2(b+c)+b^2(c+a)+c^2(a+b)$

▶例題68

***134** 次の等式が成り立つことを証明せよ。

(1) $a+b+c=0$ のとき，$a^2+b^2+c^2+c(a+b)+b(c+a)+a(b+c)=0$

(2) $abc=1$ のとき，$\dfrac{1}{1+ac^2-c}+\dfrac{c}{b+c-bc}-\dfrac{1}{ab+ac-1}=1$

▶例題69

135 $x+y+z=0$，$xyz\neq0$ のとき，$x\left(\dfrac{1}{y}+\dfrac{1}{z}\right)+y\left(\dfrac{1}{z}+\dfrac{1}{x}\right)+z\left(\dfrac{1}{x}+\dfrac{1}{y}\right)=-3$ である

ことを証明せよ。

▶例題69

*136 $\dfrac{x}{a}=\dfrac{y}{b}=\dfrac{z}{c}$ のとき，$\dfrac{x+2y+3z}{a+2b+3c}=\dfrac{x-2y-z}{a-2b-c}$ が成り立つことを証明せよ。

▶例題72

137 $2a=3b=4c$，$abc\ne0$ のとき，$\dfrac{a-2b+3c}{a+b+c}$ の値を求めよ。

▶例題72

138 $a:b=x:y$ のとき，$(a^2+b^2)(x^2+y^2)=(ax+by)^2$ が成り立つことを証明せよ。

▶例題71

*139 $\dfrac{x+y}{7}=\dfrac{y+z}{9}=\dfrac{z+x}{8}\ne0$ のとき，次の問いに答えよ。

(1) $x:y:z$ を求めよ。

(2) $\dfrac{(x+y)(y+z)(z+x)}{(x+y+z)^3}$ の値を求めよ。

▶例題72

140 $2x^2+5xy-3y^2=0$，$xy\ne0$ のとき，次の式の値を求めよ。

(1) $\dfrac{x}{y}$ (2) $\dfrac{x+y}{x-y}$ (3) $\dfrac{2xy}{x^2+y^2}$

▶例題70

*141 $2x+y=z$，$y+z=x$ のとき，$2x^2+y^2-z^2=0$ が成り立つことを証明せよ。

▶例題70

142 $xyz=-8$，$xy+yz+zx=-2(x+y+z)$ のとき，$(x+2)(y+2)(z+2)=0$ が成り立つことを証明せよ。

(▶例題69)

▶▶▶▶▶▶▶▶▶▶▶▶▶▶▶ |応|用|問|題| ◀◀◀◀◀◀◀◀◀◀◀◀◀◀◀

143 $\dfrac{a}{b}+\dfrac{b}{c}+\dfrac{c}{a}=\dfrac{b}{a}+\dfrac{c}{b}+\dfrac{a}{c}$ ならば，a，b，c の少なくとも 2 つは等しいことを証明せよ。

(▶例題70)

144 $\dfrac{b+c-a}{a}=\dfrac{c+a-b}{b}=\dfrac{a+b-c}{c}$ $(abc\ne0)$ のとき，この式の値を求めよ。

(▶例題73)

≪ヒント≫**141** $2x+y=z$，$y+z=x$ より 1 つの文字で表すことを考える。

    142 $(x+2)(y+2)(z+2)$ を展開して，条件式を代入する。

    143 a，b，c の少なくとも 2 つが等しいとき $a=b$ または $b=c$ または $c=a$ であるから $(a-b)(b-c)(c-a)=0$ を示せばよい。

    144 $\dfrac{b+c-a}{a}=\dfrac{c+a-b}{b}=\dfrac{a+b-c}{c}=k$ とおいて考える。

12 不等式の証明

*145 次の不等式が成り立つことを証明せよ。

(1) $a>b$ のとき, $2a-3b>\dfrac{a-3b}{2}$

(2) $a>b$ のとき, $a>\dfrac{a+2b}{3}>b$

(3) $a>4$, $b>3$ のとき, $ab+12>3a+4b$

(4) $a>b>0$, $c>d>0$ のとき, $ab+c^2>b^2+cd$

▶例題75

*146 x, y を実数とするとき, 次の不等式が成り立つことを証明せよ。また, (1)では等号が成り立つのはどのようなときか。

(1) $4x^2-12xy+9y^2\geqq0$　　　　(2) $x^2+18>8x$

▶例題76

*147 次の不等式が成り立つことを証明せよ。また, 等号が成り立つのはどのようなときか。

(1) $x>0$ のとき, $x+\dfrac{4}{x}\geqq4$　　　　(2) $a>0$, $b>0$ のとき, $\dfrac{a}{b}+\dfrac{b}{a}\geqq2$

▶例題79

148 $a>0$, $b>0$ のとき, 次の不等式が成り立つことを証明せよ。また, (2)では等号が成り立つのはどのようなときか。

(1) $\sqrt{a+3}<\sqrt{a}+2$　　　　　　　　*(2) $\sqrt{2(a+4b)}\geqq\sqrt{a}+2\sqrt{b}$

▶例題81

149 x, y を実数とするとき, 次の不等式を証明せよ。また, 等号が成り立つのはどのようなときか。

*(1) $2x-2y-2\leqq x^2+y^2$

(2) $x^2\geqq5xy-7y^2$

(3) $x^2+4xy+5y^2\geqq4y-4$

▶例題76

*150 $abc\neq0$, $xyz\neq0$ のとき, 不等式 $(a^2+b^2+c^2)(x^2+y^2+z^2)\geqq(ax+by+cz)^2$ を証明せよ。また, 等号が成り立つのはどのようなときか。

▶例題76

*151 $a>b>0$ のとき, $\dfrac{3a-2b}{a-b}$, $\dfrac{2a+3b}{a+b}$, 3 を小さい順に並べよ。

▶例題77

152 a, b, p, q はすべて正の数で, $p+q=1$ であるとき, 次の不等式を証明せよ。また, 等号が成り立つのはどのようなときか。

$$\sqrt{pa+qb} \geqq p\sqrt{a} + q\sqrt{b}$$

▶例題81, 82

153 a, b を正の数とするとき, 次の不等式を証明せよ。また, 等号が成り立つのはどのようなときか。

(1) $a+2b+\dfrac{1}{3a}+\dfrac{1}{6b} \geqq \dfrac{4\sqrt{3}}{3}$　　　(2) $(2a+8b)\left(\dfrac{1}{a}+\dfrac{1}{b}\right) \geqq 18$

▶例題79

*154 $a>0$, $b>0$ のとき, $\left(a+\dfrac{2}{b}\right)\left(3b+\dfrac{4}{a}\right)$ の最小値を求めよ。

▶例題79

155 $x>3$ のとき, $x-4+\dfrac{1}{x-3}$ の最小値とそのときの x の値を求めよ。

▶例題80

▶▶▶▶▶▶▶▶▶▶▶▶▶▶ |応|用|問|題| ◀◀◀◀◀◀◀◀◀◀◀◀◀◀

156 次の不等式を証明せよ。また, 等号が成り立つのはどのようなときか。
(1) $x>0$, $y>0$, $xy=3$ のとき, $3x+y \geqq 6$
(2) $x>0$, $y>0$, $x+2y=4$ のとき, $xy \leqq 2$

(▶例題80)

157 $x^2+4y^2=4$ のとき, xy の最大値と最小値, そのときの x, y の値を求めよ。

▶例題80

158 $|x|<1$, $|y|<1$, $|z|<1$ のとき, 次の不等式が成り立つことを示せ。
(1) $xy+1>x+y$　　　　　　　(2) $xyz+2>x+y+z$

▶例題83

159 次の不等式を証明せよ。また, 等号が成り立つのはどのようなときか。
(1) $2|x|+3|y| \geqq |2x+3y|$　　　　(2) $|x|-|y| \leqq |x-y|$

▶例題83

≪ヒント≫**154** $\left(a+\dfrac{2}{b}\right)\left(3b+\dfrac{4}{a}\right) \geqq 2\sqrt{a\cdot\dfrac{2}{b}}\cdot 2\sqrt{3b\cdot\dfrac{4}{a}}$ では等号成立の条件が異なるので最小値が求められないことに注意。

　　158 (2) (1)で示した不等式の y を yz で置きかえて考える。

　　159 (1) 両辺を2乗して差をとる。$(2|x|+3|y|)^2-|2x+3y|^2 \geqq 0$ を示す。
　　　　(2) $|x-y|+|y| \geqq |x|$ を証明する。$(|x-y|+|y|)^2-|x|^2 \geqq 0$ を示す。

13 点と座標

基 本 問 題

*160 次の2点間の距離を求めよ。

    (1) A(3), B(7)   (2) A(-5), B(2)   (3) A($-3a$), B($-8a$)

▶例題84

*161 2点 A(-2), B(6) を結ぶ線分 AB に対して, 次の点の座標を求めよ。

    (1) 中点   (2) 4:3に内分する点   (3) 4:3に外分する点

    (4) 3:5に内分する点   (5) 3:5に外分する点

▶例題85

162 次の2点間の距離を求めよ。

    *(1) A(2, 1), B(6, 4)   (2) A(0, 0), B(5, -12)

    *(3) A(-3, 6), B(3, -2)   (4) A(3, 3), B(-2, 2)

    *(5) A(2, -3), B(2, 1)   (6) A$\left(\dfrac{1}{2}, -1\right)$, B$\left(\dfrac{2}{3}, \dfrac{1}{6}\right)$

▶例題86

*163 次の点の座標を求めよ。

    (1) A(-1, 6), B(5, 4) を結ぶ線分 AB の中点

    (2) A(2, -6), B(7, 4) を結ぶ線分 AB を 2:3 に内分する点

    (3) A(5, 8), B(3, 2) を結ぶ線分 AB を 5:3 に外分する点

▶例題89

164 次の3点を頂点とする三角形は, どのような三角形か。

    *(1) A(1, 3), B(3, 6), C(4, 1)   (2) A(-1, -2), B(4, 10), C(11, 3)

▶例題86

*165 3点 A(2, -3), B(0, 4), C を頂点とする △ABC の重心の座標が (1, -1) であるとき, 頂点 C の座標を求めよ。

▶例題90

*166 3点 A(3, 6), B(8, 1), C(-2, -4) を頂点とする △ABC の3辺 BC, CA, AB を 3:2 の比に内分する点をそれぞれ D, E, F とする。

    (1) △ABC の重心の座標を求めよ。   (2) △DEF の重心の座標を求めよ。

▶例題89, 90

*167 点 A(-2, 1) に関して, 点 P(3, -4) と対称な点 Q の座標を求めよ。

▶例題89

168 3点 A(1, 3), B(−2, −2), C(6, 0) を3つの頂点とする平行四辺形をつくりたい。残りの頂点をどこにとればよいか, その点の座標を求めよ。

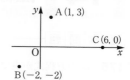

▶例題89

169 次の3点を頂点とする三角形の外心の座標を求めよ。
(1) (0, 0), (8, −4), (9, 3)　　　(2) (2, 3), (4, 1), (6, −3)

(▶例題86)

*170 次の問いに答えよ。
(1) 2点 A(4, 3), B(8, 1) から等距離にある x 軸上の点 P, および y 軸上の点 Q の座標を求めよ。
(2) 2点 A(2, 0), B(0, 3) から等距離にある, 直線 y=x 上の点 R の座標を求めよ。

▶例題87

171 2点 A(−1, 5), B(4, 4) と直線 y=2x 上の点 C を頂点とする △ABC が ∠C=90° の直角三角形となるように, 点 C の座標を定めよ。

▶例題86, 87

▶▶▶▶▶▶▶▶▶▶▶▶▶▶▶ |応|用|問|題| ◀◀◀◀◀◀◀◀◀◀◀◀◀◀◀

172 △ABC の3辺 BC, CA, AB の中点がそれぞれ P(4, −1), Q(6, 1), R(3, 4) のとき, 3つの頂点 A, B, C の座標を求めよ。

▶例題89

173 平面上に長方形 ABCD と点 P がある。長方形 ABCD の対角線の交点を O とするとき, 等式 AP²+BP²+CP²+DP²=4(OP²+OA²) が成り立つことを証明せよ。

▶例題88

174 △ABC の辺 BC 上に1点 D をとるとき, 等式
　　　AB²+AC²=2AD²+BD²+CD²
が成り立つならば, 点 D はどのような点であるか。右の図を用いて調べよ。

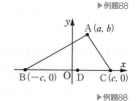

▶例題88

≪ヒント≫169　外心は3つの頂点からの距離が等しい点である。

14 | 直線の方程式

基本問題

*175 次の方程式が表す直線を座標平面上に図示せよ。
(1) $2x - y - 3 = 0$ (2) $3x + 2y - 6 = 0$
(3) $3x - 6 = 0$ (4) $-4y + 8 = 0$

▶例題91

*176 次の直線の方程式を求めよ。
(1) 傾きが 3 で，y 切片が 5 (2) 点 $(1, 4)$ を通り，傾きが -2
(3) 点 $(3, -1)$ を通り，x 軸に平行 (4) 点 $(2, 3)$ を通り，x 軸に垂直

▶例題92

*177 次の直線の方程式を求めよ。
(1) 2 点 $(-3, 4)$, $(6, 1)$ を通る (2) 2 点 $(1, -1)$, $(2, 8)$ を通る
(3) 2 点 $(2, 6)$, $(-1, 6)$ を通る (4) 2 点 $(5, 2)$, $(5, -4)$ を通る
(5) 2 点 $(0, -1)$, $(3, -4)$ を通る (6) 2 点 $(-3, 0)$, $(0, 1)$ を通る

▶例題92

178 次の直線の方程式を求めよ。
*(1) 点 $(1, 2)$ を通り，直線 $y = -3x + 1$ に平行な直線と垂直な直線
(2) 点 $(2, -4)$ を通り，直線 $3x - 2y + 1 = 0$ に平行な直線と垂直な直線
*(3) 点 $(-1, 3)$ を通り，2 点 $(1, 1)$, $(3, 0)$ を結ぶ直線に平行な直線と垂直な直線

▶例題93

179 次の 2 点を結ぶ線分の垂直二等分線の方程式を求めよ。
(1) O$(0, 0)$, A$(-4, 8)$ *(2) B$(5, -2)$, C$(7, 4)$

▶例題95

180 点 A$(-2, 5)$ の，次の各直線に関する対称点の座標を求めよ。
(1) $y = -x + 1$ *(2) $x - 2y - 1 = 0$

▶例題96

181 次の点と直線の距離を求めよ。
*(1) 原点，直線 $3x - 4y + 20 = 0$ (2) 点 $(3, 2)$, 直線 $x + 2y + 3 = 0$
*(3) 点 $(3, 1)$, 直線 $y = -\dfrac{3}{4}x + \dfrac{1}{2}$ (4) 点 $(-1, 3)$, 直線 $x = 4$

▶例題101

182 次の3点が一直線上にあるように，定数 a の値を定めよ。
  (1) A$(1,\ 7)$，B$(3,\ 6)$，C$(a,\ 4)$
  *(2) A$(1,\ 2)$，B$(0,\ a)$，C$(2a,\ -3)$

▶例題97

183 次の3直線が，1点で交わるように定数 a の値を定めよ。
  *(1) $2x-y-4=0$，$3x+2y+1=0$，$x+ay+3=0$
  (2) $x+3y-2=0$，$x+ay=0$，$ax-2y+3=0$

▶例題98

*§**184** 3直線 $x+3y=5$，$2x-y=3$，$ax+y=0$ が三角形をつくらないように，a の値を定めよ。

▶例題98

*§**185** 直線 $kx+2y+3k=0$ が次の条件を満たすように，定数 k の値を定めよ。
  (1) 直線 $3x+(k+1)y-1=0$ と平行になる
  (2) 直線 $(k+2)x-4y+2=0$ と垂直になる
  (3) 直線 $(3-k)x+(k-1)y+3=0$ と一致する

▶例題94

186 次の平行な2直線間の距離を求めよ。
  (1) $y=x-1$，$y=x+2$ *(2) $2x+y-7=0$，$6x+3y+7=0$

▶例題101

187 O$(0,\ 0)$，A$(7,\ 0)$，B$(3,\ 4)$ を頂点とする △OAB について，次の問いに答えよ。
  (1) 各辺の垂直二等分線を求めよ。
  (2) (1)で求めた3本の垂直二等分線は1点で交わることを示し，その座標を求めよ。

▶例題95，100

188 O$(0,\ 0)$，A$(7,\ 2)$，B$(3,\ 6)$ を頂点とする △OAB について，次の問いに答えよ。
  (1) 頂点 A を通り辺 OB に垂直な直線の方程式を求めよ。
  (2) △OAB の垂心の座標を求めよ。

▶例題93，100

≪ヒント≫**185** 2直線 $ax+by+c=0$，$a'x+b'y+c'=0$ において
     平行 ↔ $ab'-a'b=0$ $(a:b=a':b')$，垂直 ↔ $aa'+bb'=0$，一致 ↔ $a:b:c=a':b':c'$
  188 垂心は，3頂点からそれぞれの対辺に下ろした垂線の交点。

189　2直線 $ax+(b-1)y+1=0$, $(a+b)x-(a-b)y+5=0$ が点 $(-2,\ 1)$ で交わるように, 定数 a, b の値を定めよ.

▶例題98

190　次の直線はどのような k の値に対しても定点を通ることを示し, その定点の座標を求めよ.

(1)　$y=kx-k+1$　　　　　　　　(2)　$3kx+y-k=0$

*(3)　$(k+1)x-(k+2)y-k+3=0$

▶例題103

*191　2直線 $2x-y-3=0$, $x-3y+1=0$ の交点を通り, さらに次の条件を満たす直線の方程式を求めよ.

(1)　点 $(-2,\ 3)$ を通る

(2)　直線 $y=x$ に平行

(3)　直線 $2x+y+3=0$ に垂直

▶例題104

*192　2直線 $ax-y-2=0$, $x+ay+1=0$ の交点Pと原点Oを通る直線OPの方程式が $3x+y=0$ であるとき, a の値を求めよ.

▶例題104

*193　点 $(3,\ 1)$ からの距離が3で, 点 $(-2,\ 1)$ を通る直線の方程式を求めよ.

▶例題101

194　点 $(1,\ 3)$ を通り傾きが負の直線と, x 軸, y 軸とで囲まれた図形の面積が6であるとき, その直線の x 切片と y 切片の値を求めよ.

(▶例題92)

195　座標平面上に3点 $A(-1,\ -2)$, $B(1,\ 2)$, C がある. 点Cの x 座標が正であり △ABC が正三角形になるとき, 点Cの座標を求めよ.

▶例題86, 95

196　次の方程式で表される図形はどんな図形か.

*(1)　$x^2-2xy+4y+2x-8=0$

(2)　$3x^2-2xy-y^2+x-y=0$

▶例題105

197 次のような三角形の面積を求めよ。

(1) 3点 A$(1,\ 1)$，B$(3,\ 2)$，C$(4,\ 5)$ を頂点とする三角形

(2) 3直線 $7x+y-5=0$，$x+4y+7=0$，$2x-y+5=0$ でつくられる三角形

▶例題99

*198 方程式 $2x^2-xy-y^2+3x+3y+a=0$ が2直線を表すように定数 a の値を定め，その2直線の方程式を求めよ。

▶例題106

199 3点 O$(0,\ 0)$，A$(4,\ 0)$，B$(2,\ 2)$ を頂点とする △OAB の面積を，次の直線が2等分するとき，定数 a，b の値を求めよ。

(1) $y=ax$ (2) $y=-x+b$

(▶例題89, 99)

*200 放物線 $y=x^2+2$ 上の点 P と，直線 $y=2x-4$ 上の点との距離が最小になるとき，点 P の座標と最小値を求めよ。

▶例題102

*201 座標平面上に2点 A$(7,\ 1)$，B$(5,\ 10)$ と直線 $l:y=3x$ がある。次の問いに答えよ。

(1) l に関して点 A と対称な点 A′ の座標を求めよ。

(2) l 上の動点 P に対して，AP+BP の最小値を求めよ。また，そのときの P の座標を求めよ。

(▶例題96)

202 直線 $l:(k+2)x-(k+1)y+k-2=0$ がある。次の問いに答えよ。

(1) k がどんな値をとっても，直線 l が通る点の座標を求めよ。

(2) 2点 P$(3,\ 0)$，Q$(0,\ 2)$ を結ぶ線分 PQ（両端を含む）が直線 l と交わるような k の値の範囲を求めよ。

(▶例題103)

≪ヒント≫**193** 直線の方程式を $y-1=m(x+2)$ として考える。

194 直線の傾きを m とすると，$y-3=m(x-1)$ （ただし，$m<0$）

196 因数分解して，x，y の1次式の積の形 $(ax+by+c)(a'x+b'y+c')=0$ にする。

199 (1) 直線 $y=ax$ が AB の中点を通るとき。

200 点 P を $(a,\ a^2+2)$ とおく。

15 円の方程式

*203 次の円の方程式を求めよ。

    (1) 点 $(1, -2)$ を中心とし，半径が 3 の円

    (2) 原点を中心とし，点 $(-3, 2)$ を通る円

    (3) 点 $(5, 2)$ を中心とし，点 $(4, -1)$ を通る円

    (4) 点 $(-3, 4)$ を中心とし，x 軸に接する円

    (5) 2 点 A$(4, -2)$，B$(-2, 6)$ を直径の両端とする円

                                                    ▶例題107

204 次の円の中心と半径を求め，その概形を図示せよ。

    *(1) $x^2+y^2+2x-4y+1=0$

    (2) $x^2+y^2-6y=0$

    *(3) $x^2+y^2-3x+y=0$

    (4) $4x^2+4y^2-24x+8y+15=0$

                                                    ▶例題110

205 次の 3 点を通る円の方程式を求めよ。

    (1) $(-2, 0)$，$(8, 0)$，$(0, 4)$

    *(2) $(-5, -1)$，$(3, 5)$，$(-1, -3)$

                                                    ▶例題112

206 方程式 $x^2+y^2-x+5y-a=0$ が円を表すような定数 a の値の範囲を求めよ。

                                                    ▶例題111

207 異なる 4 点 $(0, 0)$，$(-9, 3)$，$(-2, 4)$，$(a, a-2)$ が同一円周上にあるように定数 a の値を定めよ。

                                                  （▶例題112）

*208 次の円の方程式を求めよ。

    (1) 中心が $(4, 2)$ で，直線 $y=2x-1$ に接する円

    (2) 点 $(2, 1)$ を通り，両座標軸に接する円

    (3) 中心が x 軸上にあって，2 点 $(-1, 1)$，$(3, 5)$ を通る円

    (4) 半径が 5 で，2 点 $(0, 0)$，$(6, 0)$ を通る円

                                                    ▶例題108

*209 中心が直線 $y=-x-1$ 上にあり，2 点 $(1, 1)$，$(2, 4)$ を通る円の方程式を求めよ。

▶例題109

210 次の円の方程式を求めよ。

(1) 円 $x^2+y^2-4x+2y-11=0$ と，直線 $y=x$ に関して対称な円

*(2) 円 $(x-3)^2+(y-3)^2=2$ 上に中心があり，両座標軸に接する円

▶例題108

211 方程式 $x^2+y^2-2kx+2(k-1)y+3k^2-7=0$ が円を表すような定数 k の値の範囲を求めよ。また，この円の半径が最大になるとき，中心と半径を求めよ。

▶例題111

212 $0<a<b$ とする。2 点 $(0, a)$，$(0, b)$ を通り，x 軸と正の部分で接する円の方程式を求めよ。

▶例題108

▶▶▶▶▶▶▶▶▶▶▶▶▶▶▶ |応|用|問|題| ◀◀◀◀◀◀◀◀◀◀◀◀◀◀◀

213 3 直線 $x-7y+31=0$，$7x+y+17=0$，$4x-3y-1=0$ がつくる三角形の外接円の方程式を求めよ。

▶例題112

*214 直線 $l : y=2x+6$ と l 上の点 $T(-1, 4)$ について，T で l に接し，かつ点 $A(2, 5)$ を通る円の方程式を求めよ。

▶例題109, 112

215 2 点を $A(0, 1)$，$B(4, -1)$ とする。次の問いに答えよ。

(1) A，B を通り，直線 $y=x-1$ 上に中心をもつ円 C_1 の方程式を求めよ。

(2) 直線 AB に関して(1)で求めた C_1 と対称な円 C_2 の方程式を求めよ。

(3) 2 点 P，Q をそれぞれ円 C_1，C_2 上の点とするとき，線分 PQ の最大値を求めよ。

▶例題96, 109, 112

≪ヒント≫**210** (2) 求める円の中心は，直線 $y=x$ 上にある。
213 3 直線の交点を求め，その 3 つの交点を通る円の方程式を求める。
214 この円の中心は点 T を通り l に垂直な直線上にある。
215 (2) 直線 AB に関して，C_1 の中心の対称点を求める。

16 | 円と直線（接線）

216 次の円と直線は共有点をもつか。共有点がある場合は，その座標を求めよ。

(1) $x^2+y^2=1$, $x+y=1$

*(2) $x^2+y^2-2y-1=0$, $x-2y+3=0$

(3) $x^2+y^2=5$, $2x-y-5=0$

*(4) $(x-1)^2+(y+2)^2=1$, $y=2x+1$

▶例題113

217 次の円上の与えられた点における接線の方程式を求めよ。

(1) $x^2+y^2=5$　点$(2, 1)$　　　　(2) $x^2+y^2=4$　点$(0, 2)$

(3) $x^2+y^2=9$　点$(-2\sqrt{2}, 1)$　　　(4) $x^2+y^2=7$　点$(-\sqrt{7}, 0)$

▶例題114

218 円 $x^2+y^2=4$ と直線 $3x-y+c=0$ が接するように，定数cの値を定めよ。

▶例題116, 118

219 円 $x^2+y^2=1$ について，次の接線の方程式を求めよ。

(1) 傾きが1の接線　　　　　　　(2) y切片が2の接線

▶例題116, 118

220 次の接線の方程式を求めよ。

*(1) 円 $x^2+y^2=25$ の接線で，点$(7, -1)$を通る

(2) 円 $x^2+y^2=4$ の接線で，点$(2, -4)$を通る

▶例題116

221 円 $C:(x+3)^2+(y-2)^2=25$ について，次のCの接線の方程式を求めよ。

(1) C上の点$(1, -1)$における接線

(2) 点$(4, 1)$からCに引いた接線

▶例題115, 116

*222 円 $C:x^2+y^2=10$ について，次の問いに答えよ。

(1) 円Cが直線 $y=2x+1$ から切り取る線分の長さを求めよ。

(2) 円Cが直線 $y=x+m$ から切り取る線分の長さが2となるように定数mの値を定めよ。

▶例題121

223 円 $x^2+y^2-4x-4y+4=0$ と直線 $y=x+2$ の交点を A，B とするとき，弦 AB の長さを求めよ。

▶例題121

*224 円 $x^2+y^2+4x-6y+8=0$ に点 A$(2,\ 1)$ から引いた接線の接点の1つを T とするとき，線分 AT の長さを求めよ。

▶例題117

225 直線 $l:y=mx-5m$ と円 $C:x^2+y^2=5$ について，次の問いに答えよ。
(1) l と C が接するときの定数 m の値と，接点の座標を求めよ。
(2) l と C が異なる2点で交わるような定数 m の値の範囲を求めよ。

▶例題118

226 次の円と直線の共有点の個数は，定数 a の値によってどのように変わるか。
*(1) $x^2+y^2=2,\ y=x+a$
(2) $x^2+(y+1)^2=1,\ y=ax+1$

▶例題118

*227 円 $x^2+y^2-2x-4y-4=0$ と直線 $3x-y+2=0$ の2つの交点と原点を通る円の方程式を求めよ。

▶例題125

▶▶▶▶▶▶▶▶▶▶▶▶▶▶▶ |応|用|問|題| ◀◀◀◀◀◀◀◀◀◀◀◀◀◀◀

228 xy 平面上に，中心 $(a,\ b)$ で半径が3の円 C と直線 $L:x+y=1$ があり，円 C は直線 L および x 軸の両方に接している。次の問いに答えよ。
(1) 円 C と x 軸が接することから b の値を求めよ。ただし，$b>0$ とする。
(2) 円 C の中心の座標を求めよ。

▶例題108，118

229 円 $x^2+y^2-4x-2y+5-a^2=0\ (a>0)\ \cdots①$ について，次の問いに答えよ。
(1) ①の中心と半径を求めよ。
(2) ①で与えた円が2点 A$(5,\ 0)$，B$(0,\ 5)$ を両端とする線分と共有点をもつような a の値の範囲を求めよ。

（▶例題118）

17 放物線と直線

基 本 問 題

230 次の放物線と直線で，共有点があればその座標を求めよ。

*(1) $y=x^2$, $y=-2x+3$　　　　　(2) $y=-3x^2+6x+1$, $y=x+1$

*(3) $y=2x^2-2x$, $y=x-2$　　　　(4) $y=4x^2-x+2$, $y=3x+1$

▶例題119

*231 放物線 $y=x^2+k$ が次の条件を満たすように，それぞれ定数 k の値の範囲を定めよ。

(1) 直線 $y=x-1$ と 2 点で交わる　　(2) 直線 $y=2x+1$ と接する

(3) 直線 $y=-3x-1$ と共有点をもたない

▶例題119

232 次の放物線と直線の共有点の個数は，定数 a の値によってどのように変わるか。

(1) $y=x^2-x$, $y=x+a$　　　　*(2) $y=x^2-2ax+1$, $y=2x-3$

*(3) $y=x^2-2x-3$, $y=a(x-3)+1$

▶例題119

標 準 問 題

*233 次の問いに答えよ。

(1) 放物線 $y=x^2-2x-a$ が x 軸から切り取る線分の長さが 10 となるとき，定数 a の値を求めよ。

(2) 原点を通る直線が放物線 $y=-x^2+3$ によって切り取られる線分の長さが $4\sqrt{5}$ であるとき，この直線の方程式を求めよ。

▶例題120

234 放物線 $y=x^2-2x$ と直線 $y=x+1$ の 2 つの交点と，点 $(4, 2)$ を通る放物線の方程式を求めよ。

▶例題104，125

*235 放物線 $y=-x^2+4$ 上に定点 A$(-2, 0)$，B$(1, 3)$ をとる。点 P が放物線上の AB 間を動くとき，△ABP の面積を最大にする点 P の座標を求めよ。

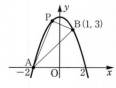

▶例題102

236 直線 $y=x$ 上に3つの定点 O$(0,\ 0)$，A$(2,\ 2)$，B$(3,\ 3)$ がある。放物線 $y=x^2-ax+1$ が直線 $y=x$ と O，A 間に1点，A，B 間に1点を共有するように，定数 a の値の範囲を定めよ。

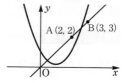

(▶例題119)

237 放物線 $y=x^2$ 上を動く点 P がある。y 軸上に定点 A$(0,\ a)$ をとり AP の長さを考えるとき，AP の最小値を求めよ。

(▶例題86, 102)

238 放物線 $y=x^2$ に，点 A$(1,\ -3)$ から2本の接線を引き，その接点を B，C とする。次の問いに答えよ。

(1) 接線の方程式と接点の座標を求めよ。

(2) △ABC の面積を求めよ。

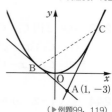

(▶例題99, 119)

239 xy 平面上に，放物線 $C:y=x^2-4x+5$ と直線 $l:y=-2x-3$ がある。このとき，次の問いに答えよ。

(1) 放物線 C 上の点 P$(t,\ t^2-4t+5)$ と直線 l との距離 $d(t)$ を t の式で表せ。また，関数 $d(t)$ の最小値を求めよ。

(2) (1)で求めた関数 $d(t)$ が最小となる放物線 C 上の点を P_0 とし，P_0 から直線 l に下ろした垂線と直線 l との交点を Q_0 とする。また，放物線 C 上の点 P_0 における接線と x 軸との交点を R_0 とする。このとき，△$P_0Q_0R_0$ の面積を求めよ。

(▶例題101, 119)

240 xy 平面における曲線 $C:y=x^2$ と直線 $l:y=ax$ （a は正の定数）について，次の問いに答えよ。

(1) l と平行な，C の接線 m の方程式を a を用いて表せ。

(2) 原点 O と m の距離を a を用いて表せ。

(3) l と C の交点のうち O 以外のものを P とする。線分 OP を1辺とする四角形 OPQR が長方形になるように，m 上に2点 Q，R をとる。この長方形の面積が2となるときの a の値を求めよ。

(▶例題101, 119)

≪**ヒント**≫**234** 求める放物線の方程式は $(x^2-y-2x)+k(x-y+1)=0$ とおける。

235 P$(\alpha,\ -\alpha^2+4)$ とおいて，P から線分 AB までの距離で考える。
または，直線 AB の傾きに等しい放物線の接線で考える。

236 x の方程式 $x^2-ax+1=x$ が，$0<x<2$，$2<x<3$ の間に1つずつ解をもつ条件である。

標準問題

241 2円 $x^2+y^2=9$, $x^2+y^2+x-y-6=0$ の共有点の座標を求めよ。

▶例題113

242 次の2円の中心間の距離と半径から，2円の位置関係を調べよ。
(1) $x^2+y^2=9$, $x^2+y^2-8x-6y+21=0$
*(2) $x^2+y^2+2x-4y+1=0$, $x^2+y^2-6x+2y+6=0$

▶例題124

243 次の2円 C_1, C_2 が2点で交わるように，正の定数 k の値の範囲を定めよ。
(1) $C_1 : x^2+y^2=9$ $C_2 : (x-3)^2+(y-4)^2=k^2$
*(2) $C_1 : (x-1)^2+y^2=1$ $C_2 : x^2+(y-k)^2=36$

▶例題124

244 点 C$(-2, 5)$ を中心とし，円 $x^2+y^2-8x+6y+16=0$ に接する円の方程式を求めよ。

▶例題124

245 円 $C_1 : x^2+y^2-4x-8y=0$ に原点において外側から接し，半径が $\sqrt{5}$ である円 C_2 の方程式を求めよ。

▶例題124

246 2つの円 $\begin{cases} C_1 : (x+2)^2+y^2=a^2 \\ C_2 : (x-2)^2+y^2=3a^2 \end{cases}$ （ただし，$a>0$）が交わり，その交点における C_1, C_2 の接線が直交する。このとき，a の値とその交点の座標を求めよ。

▶例題93，124

*
247 2点 A$(2, 0)$，B$(0, 3)$ と円 $x^2+y^2-6x-8y+21=0$ 上の動点 P について，三角形 ABP の面積の最大値と最小値を求めよ。

▶例題123

248 2点 A$(1, 1)$，B$(-3, k)$ がある。AB を直径とする円を C とする。次の問いに答えよ。
(1) 円 C が x 軸と接するように，k の値を定めよ。
(2) (1)において，接点を D とするとき，△ABD の面積を求めよ。

▶例題99，107

249 方程式 $(k+1)x^2+(k+1)y^2+x+y-(5k+6)=0$ で表される図形は定数 k の値にかかわらず定点を通る。その定点の座標を求めよ。

▶例題103

*250 2円 $C_1 : x^2+y^2=4$, $C_2 : x^2+y^2-6x+4y+4=0$ について，次の問いに答えよ。

(1) 異なる2点で交わることを示せ。

(2) 2つの交点を通る直線の方程式を求めよ。

(3) 2つの交点と，原点を通る円の方程式を求めよ。

▶例題126

251 円 $C_1 : x^2+y^2-2y=0$ を x 軸方向に 2，y 軸方向に -4 だけ平行移動すると，円 $C_2 : x^2+y^2-\boxed{\text{ア}}x+\boxed{\text{イ}}y+\boxed{\text{ウ}}=0$ に移される。このとき，C_1 と C_2 は直線 $x-\boxed{\text{エ}}y=\boxed{\text{オ}}$ に関して対称である。
ア～オにあてはまる数値を答えよ。

(▶例題95，107)

▶▶▶▶▶▶▶▶▶▶▶▶▶▶▶ |応|用|問|題| ◀◀◀◀◀◀◀◀◀◀◀◀◀◀◀

252 次の2円の共通接線のうち，傾きが正であるものの方程式を求めよ。

(1) $x^2+y^2=1$, $(x-4)^2+y^2=1$ (2) $x^2+y^2=1$, $x^2+y^2-6y=0$

▶例題127

253 円 $x^2+y^2=1$ と放物線 $y=x^2+5$ の共通接線の方程式を求めよ。

▶例題127

254 円 $x^2+y^2=4$ に円外の点 A$(3, 1)$ から2本の接線を引く。このとき，次の問いに答えよ。

(1) 2つの接点 B，C を通る直線の方程式を求めよ。

(2) 3点 A，B，C を通る円の方程式を求めよ。

▶例題122

255 放物線 $y=x^2$ に円 $x^2+(y-a)^2=1$ が右図のように2点で接しているとき，定数 a の値を求めよ。

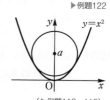

(▶例題118，119)

256 放物線 $y=x^2$ と円 $x^2+(y-2)^2=r^2$ が異なる4点で交わるように正の定数 r の値の範囲を定めよ。ただし $r>0$ とする。

(▶例題118，119)

≪ヒント≫**254** (1) 接点を B(x_1, y_1)，C(x_2, y_2) とおくと，2本の接線は $x_1x+y_1y=4$, $x_2x+y_2y=4$
点 A$(3, 1)$ を通るから $3x_1+y_1=4$, $3x_2+y_2=4$

256 y を消去して x の4次方程式にし，異なる4個の実数解をもつ条件を求める。

19　軌跡と方程式

*257　次の条件を満たす点 P の軌跡を求めよ。

(1)　2 点 A$(-4,\ 1)$，B$(2,\ 4)$ から等距離にある点 P

(2)　A$(1,\ 0)$，B$(6,\ 0)$ とするとき，PA : PB $=3:2$ を満たす点 P

▶例題128

258　次の条件を満たす点 P の軌跡を求めよ。

(1)　A$(2,\ 1)$，B$(-2,\ 3)$ とするとき，PA$^2+$PB$^2=12$ を満たす点 P

(2)　A$(0,\ 0)$，B$(4,\ 0)$，C$(0,\ 4)$ とするとき，2AP$^2=$BP$^2+$CP^2 となる点 P

▶例題128

259　点 P$(x,\ y)$ が媒介変数 t を用いて，次のように表されるとき，点 P はどのような図形上にあるか。

(1)　$\begin{cases} x=t-1 \\ y=3t+1 \end{cases}$　　*(2)　$\begin{cases} x=2t+1 \\ y=2t^2-3t \end{cases}$　　(3)　$\begin{cases} x=2-t^2 \\ y=\dfrac{1}{2}t^4 \end{cases}$

▶例題131

*260　点 A$(2,\ 1)$ と放物線 $y=x^2$ 上の動点 P とを結ぶ線分 AP の中点 Q の軌跡を求めよ。

▶例題132

*261　点 A$(0,\ 6)$，B$(6,\ -6)$ と円 $x^2+y^2=4$ がある。点 P がこの円周上を動くとき，△ABP の重心 G の軌跡を求めよ。

▶例題133

*262　放物線 $y=-x^2+2ax+1$ において，実数 a の値が変化するとき，頂点の軌跡を求めよ。

▶例題134

263　円 $x^2+y^2+2ax-2(a+1)y+3a^2-2=0$ において，実数 a の値が変化するとき，円の中心の軌跡を求めよ。

▶例題134

264　次の方程式を求めよ。

(1)　定点 A$(0,\ 2)$ と x 軸から等距離にある点 P の軌跡

(2)　2 直線 $x-3y+3=0$ と $3x+y-1=0$ のなす角の二等分線

▶例題128，129

265 2定点 A，B を A$(-\sqrt{3}, 0)$，B$(\sqrt{3}, 0)$ とするとき，次の問いに答えよ。

(1) ∠APB＝90° となる点 P の軌跡を求めよ。

(2) ∠AQB＝60° となる点 Q の軌跡を求めよ。

▶例題128

▶▶▶▶▶▶▶▶▶▶▶▶▶▶▶▶|応|用|問|題|◀◀◀◀◀◀◀◀◀◀◀◀◀◀◀◀

266 点 $(-1, 0)$ を通る傾き m の直線が，放物線 $y=x^2$ と異なる 2 点 A，B で交わるとき，次の問いに答えよ。

(1) m のとる値の範囲を求めよ。

(2) 線分 AB の中点 M の軌跡を求めよ。

▶例題135

*267 k が実数値をとりながら変化するとき，2 直線 $kx+y=-k$，$x-ky=1$ の交点の軌跡を求めよ。

▶例題136

268 m が実数値をとりながら変化するとき，点 A$(1, 0)$ の直線 $y=mx$ に関する対称点 P(x, y) の軌跡を求めよ。

〈▶例題136〉

269 点 T$(2, 0)$ を通る直線と円 $x^2+y^2=1$ が異なる 2 点 A，B で交わるとき，線分 AB の中点 M の軌跡を求めよ。

〈▶例題135〉

270 原点 O と直線 $x+y=4$ 上の動点 P について，直線 OP 上の点 Q が次の条件(a)，(b)を満たすとき，点 Q の軌跡を求めよ。

(a) OP・OQ＝16

(b) Q は，O に関して P と同じ側にある。

〈▶例題136〉

≪ヒント≫**263** 円の半径は正であることから，軌跡の範囲に注意する。

264 (2) 角の二等分線は，2 直線から等しい距離にある。

267 (ア) 直接 k を消去して，x，y の関係式を導く。

(イ) 2 直線は定点を通り，互いに垂直なことから図形的に求める。

(ウ) 交点を求めて k を消去し，x，y の関係式を導く。

270 まず，題意の図をかいて，P，Q の位置関係を確認する。P(a, b)，Q(x, y) とすると，OQ＝kOP $(k>0)$ と表せる。

基 本 問 題

271 次の不等式の表す領域を図示せよ。

(1) $y > 2x - 1$ *(2) $2x - 3y + 6 \leqq 0$

(3) $y > -1$ (4) $x \leqq 2$

*(5) $x^2 + y^2 < 4$ (6) $y \geqq x^2 - 2$

▶例題137，138

272 次の不等式の表す領域を図示せよ。

*(1) $x^2 + y^2 - 2x + 4y - 4 \leqq 0$

(2) $x^2 + y^2 > 4x + 6y$

*(3) $y < 2x^2 + 4x + 3$

(4) $y \leqq -x^2 + 6x - 4$

▶例題138

273 次の連立不等式の表す領域を図示せよ。

*(1) $\begin{cases} x - 2y + 2 \geqq 0 \\ 3x - y - 4 \leqq 0 \end{cases}$ (2) $\begin{cases} x + y > 0 \\ x^2 + y^2 < 4 \end{cases}$

(3) $\begin{cases} y < -2x + 3 \\ y > x^2 \end{cases}$ (4) $\begin{cases} x^2 + y^2 - 4x + 3 \leqq 0 \\ x^2 + y^2 - 3 \leqq 0 \end{cases}$

*(5) $-6 \leqq 2x - 3y \leqq 6$ (6) $4 < x^2 + y^2 < 9$

▶例題140

標 準 問 題

274 次の図の灰色の部分の領域を表す連立不等式を求めよ。ただし，境界は含まない。

*(1) 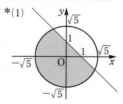   *(2)   (3)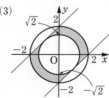

▶例題140

275 次の不等式の表す領域を図示せよ。

*(1) $(x-2y+4)(3x+y-9)<0$

*(2) $x^2-y^2>0$

(3) $(y-x^2)(x+y-2)>0$

*(4) $(2x-y+5)(x^2+y^2-5)<0$

(5) $x(x+y+1)(x^2+y^2-4)>0$

▶例題142

276 次の不等式の表す領域を図示せよ。

*(1) $y>|x-1|$ (2) $y<|x|-1$

(3) $y\leqq|x^2-2x-3|$ (4) $y>x^2-2|x|-3$

▶例題139

277 次の2つの2次方程式が，どちらも実数解をもたないとき，点$(a,\ b)$の存在範囲を図示せよ。

$$x^2-ax+b+1=0,\quad x^2-2(a-1)x-b+4=0$$

（▶例題140，143）

▶▶▶▶▶▶▶▶▶▶▶▶▶▶▶ |応|用|問|題| ◀◀◀◀◀◀◀◀◀◀◀◀◀◀◀

278 放物線 $y=x^2+px+q$ に関して，2点 A(1, 1) と B(2, 2) が反対側にあるとき，点$(p,\ q)$の存在範囲を図示せよ。

▶例題141

279 次の不等式の表す領域を図示せよ。

(1) $x^2+y^2-2|x|-3<0$ (2) $|x+y|\leqq1$

(3) $|y-2x|+x^2-3<0$ (4) $|x|+|y|\leqq1$

▶例題148

280 k を実数とするとき，直線 $l:y=2kx+k^2+2k$ について，次の問いに答えよ。

(1) 直線 l が点 A(1, 2) を通過することができるか調べよ。

(2) k がすべての実数値をとるとき，直線 l の通りうる領域を図示せよ。

▶例題143

281 点 P$(\alpha,\ \beta)$ が $\alpha^2+\beta^2\leqq2$ を満たしながら動くとき，点 Q$(\alpha+\beta,\ \alpha\beta)$ の存在範囲を図示せよ。

▶例題144

≪ヒント≫278　$y=f(x)$ に関して，2点 $(a,\ b)$，$(c,\ d)$ が反対側にあるのは
$$\begin{cases} b>f(a) \\ d<f(c) \end{cases} \text{または} \begin{cases} b<f(a) \\ d>f(c) \end{cases} \text{のときである。}$$

　　279　(3) (i) $y\geqq2x$ のとき，$y<-x^2+2x+3$　(ii) $y<2x$ のとき，$y>x^2+2x-3$

　　　　　(4) (i) $x\geqq0,\ y\geqq0$　(ii) $x<0,\ y\geqq0$

　　　　　(iii) $x\geqq0,\ y<0$　(iv) $x<0,\ y<0$ に場合分けする

21 不等式と領域（2）

282 点 (x, y) が右図の灰色の部分の領域および
周を動くとき，次の式の値の最大値と最小値
を求めよ。

(1) y

(2) $x+y$

(3) $3x+y$

(4) $y-x$

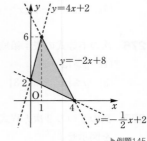

▶例題145

***283** 点 (x, y) が右図の灰色の部分の領域および
周を動くとき，$x+y$ の最大値と最小値を求
めよ。

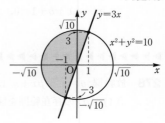

▶例題145

284 x, y を実数とするとき，次の命題の真偽を調べよ。

(1) 命題「$x+2y \leqq 0$, $2x+y \leqq 0$ ならば $2x+3y \leqq 9$」

(2) 命題「$x^2+y^2 \leqq 2$ ならば $x+y \leqq 2$」

▶例題147

285 点 (x, y) が右図の灰色の部分の領域および
周を動くとき，次の式の値の最大値と最小値
を求めよ。

(1) x^2+y^2

(2) $(x-5)^2+(y-1)^2$

(3) x^2+y^2-6y

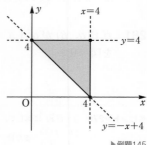

▶例題145

*286 次の各問いに答えよ。

(1) $x+2y-6 \leqq 0$, $2x+y-3 \geqq 0$, $x-y \leqq 0$ のとき，$x+y$ の最大値と最小値を求めよ。

(2) $y \leqq x$, $x^2+y^2-2y \leqq 0$ のとき，$-2x+y$ の最大値と最小値を求めよ。

▶例題145

▶▶▶▶▶▶▶▶▶▶▶▶▶▶▶ |応|用|問|題| ◀◀◀◀◀◀◀◀◀◀◀◀◀◀◀

287 $x+y-2 \geqq 0$, $x-y-2 \leqq 0$, $y \leqq 3$ を満たす x, y に対して，次の式の値の最大値と最小値を求めよ。また，そのときの x, y の値を求めよ。

(1) $\dfrac{y-1}{x+3}$ *(2) $y-x^2$

▶例題146

288 次の ☐ の中にあてはまる語句を，下の①～④の中から選んで答えよ。ただし，x, y は実数とする。

(1) $y \geqq x^2$ は $y \geqq 2x-1$ であるための ☐。

(2) 「$|x| \leqq 1$ かつ $|y| \leqq 1$」は $|x|+|y| \leqq 1$ であるための ☐。

(3) $x^2+y^2>2$ は $xy>1$ であるための ☐。

(4) 「$x+y>0$ または $xy<0$」は「$x>0$ または $y>0$」であるための ☐。

① 必要条件であるが十分条件ではない
② 十分条件であるが必要条件ではない
③ 必要十分条件である
④ 必要条件でも十分条件でもない

▶例題147

289 次の(1)，(2)が成り立つように，a の値の範囲をそれぞれ定めよ。

(1) $y \geqq x+a$ は $y \geqq x^2-1$ であるための必要条件である。

(2) $|x-3|+|y-2| \leqq 2$ は $(x-3)^2+(y-1)^2 \leqq a$ であるための十分条件である。

▶例題147

290 連立不等式 $x \geqq 0$, $y \geqq 0$, $x+3y \leqq 15$, $2x+y \leqq 10$ を満たす領域を D とする。点 (x, y) が領域 D 内（周および内部）を動くとき，$ax+y$ の最大値を求めよ。

▶例題145

291 a, b を定数とする。2次方程式 $x^2+ax+b=0$ が 2 より小さい異なる 2 つの解をもつための a, b の条件を求め，点 (a, b) の存在範囲を図示せよ。

▶例題146

≪ヒント≫290 $ax+y=k$ とおいたときの a の値によって，直線の傾きが変わるので，a の値による場合分けが必要になる。

22 三角関数の性質（一般角，弧度法）

基 本 問 題

292 次の角の動径を図示せよ。また，角はそれぞれ第何象限の角か。

(1) $300°$　　　*(2) $810°$　　　(3) $-230°$　　　*(4) $-460°$

293 次の角を，度数法は弧度法で，弧度法は度数法で表せ。

(1) $30°$　　(2) $135°$　　(3) $-270°$　　*(4) $300°$　　*(5) $420°$

*(6) $\dfrac{2}{3}\pi$　　(7) $\dfrac{5}{4}\pi$　　*(8) $-\dfrac{11}{6}\pi$　　(9) $\dfrac{\pi}{15}$　　(10) $\dfrac{7}{12}\pi$

▶例題150

294 (1) 半径 12 cm，中心角が $\dfrac{\pi}{3}$ の扇形の弧の長さと面積を求めよ。

(2) 半径 2 cm，弧の長さ 6 cm の扇形の中心角を弧度法で求めよ。また，この扇形の面積を求めよ。

▶例題150, 151

*295 θ が第3象限の角であるとき，$\dfrac{\theta}{3}$ の動径が存在する範囲を図示せよ。

▶例題152

*296 半径 1 の円がある。右の図のように2直線PA，PBがこの円に接している。このとき，次の問いに答えよ。

(1) 点 P 側の弧 AB の長さ l を求めよ。

(2) 図の灰色の部分の面積 S を求めよ。

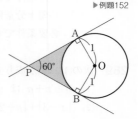

（▶例題151）

*297 θ が次の角のとき，$\sin\theta$，$\cos\theta$，$\tan\theta$ の値を求めよ。

(1) $\dfrac{\pi}{6}$　　(2) $\dfrac{8}{3}\pi$　　(3) $-\dfrac{3}{4}\pi$　　(4) $-\dfrac{13}{6}\pi$

▶例題153

298 次の条件を満たす角 θ は第何象限の角か。

(1) $\cos\theta<0$，$\tan\theta<0$　　*(2) $\sin\theta\cos\theta<0$　　(3) $(\cos\theta-1)\sin\theta>0$

▶例題154

*299 (1) $\dfrac{\pi}{2}<\theta<\pi$ で，$\sin\theta=\dfrac{3}{5}$ のとき，$\cos\theta$，$\tan\theta$ の値を求めよ。

(2) $\pi<\theta<\dfrac{3}{2}\pi$ で，$\cos\theta=-\dfrac{5}{13}$ のとき，$\sin\theta$，$\tan\theta$ の値を求めよ。

(3) $\dfrac{3}{2}\pi<\theta<2\pi$ で，$\tan\theta=-3$ のとき，$\sin\theta$，$\cos\theta$ の値を求めよ。

▶例題155

300 次の等式を証明せよ。

(1) $(\sin\theta+\cos\theta)^2=1+2\sin\theta\cos\theta$　(2) $\dfrac{\cos\theta}{\sin\theta}+\dfrac{\sin\theta}{\cos\theta}=\dfrac{1}{\sin\theta\cos\theta}$

▶例題157

*301 次の式を簡単にせよ。

(1) $\sin\left(\dfrac{\pi}{2}+\theta\right)+\cos\left(\dfrac{\pi}{2}+\theta\right)+\sin(\pi+\theta)+\cos(\pi+\theta)$

(2) $\sin\left(\dfrac{\pi}{2}-\theta\right)\cos(\pi-\theta)-\cos\left(\dfrac{\pi}{2}-\theta\right)\sin(\pi-\theta)$

▶例題158

標 準 問 題 ■

*302 次の条件を満たす角 α（$0\leqq\alpha<2\pi$）をそれぞれ求めよ。　▶例題152

(1) α を 6 倍した動径と α の動径が一致する。

(2) α を 4 倍した動径と $\dfrac{2}{9}\pi$ の角の動径が一致する。

303 θ が第 3 象限のとき，次の角は第何象限の角となるか。　（▶例題152）

(1) 2θ (2) $\dfrac{\theta}{2}$

*304 $\sin\theta+\cos\theta=\dfrac{1}{\sqrt{3}}$ のとき，次の各式の値を求めよ。　▶例題156

(1) $\sin\theta\cos\theta$ (2) $\sin^3\theta+\cos^3\theta$

(3) $\sin\theta-\cos\theta$ (4) $\tan\theta+\dfrac{1}{\tan\theta}$

305 (1) $\cos\theta=-\dfrac{3}{5}$ のとき，$\sin\theta$ と $\tan\theta$ の値を求めよ。

(2) $\tan\theta=-\sqrt{2}$ のとき，$\sin\theta$ と $\cos\theta$ の値を求めよ。

（▶例題155）

306 次の等式を証明せよ。

▶例題157

(1) $(1-\sin^2\theta)(1+\tan^2\theta)=1$ (2) $\dfrac{\sin^2\theta}{\tan^2\theta-\sin^2\theta}=\dfrac{1}{\tan^2\theta}$

23 三角関数のグラフ

基本問題

307 次の関数のグラフをかけ。また，その周期と値域を求めよ。

  *(1) $y=\cos 2\theta$ (2) $y=-\sin\theta$ *(3) $y=2\cos\dfrac{\theta}{2}$

  (4) $y=\sin\left(\theta-\dfrac{\pi}{4}\right)$ (5) $y=\cos\left(\theta+\dfrac{\pi}{3}\right)$ *(6) $y=2\sin\left(\theta+\dfrac{\pi}{6}\right)$

▶例題159，160

308 次の関数のグラフをかけ。また，その周期と漸近線を求めよ。

  (1) $y=2\tan\theta$ (2) $y=2\tan\dfrac{\theta}{3}$ *(3) $y=-\tan\left(\theta-\dfrac{\pi}{4}\right)$

▶例題161

標準問題

309 次の関数のグラフをかけ。また，その周期を求めよ。

  *(1) $y=\sin\left(2\theta-\dfrac{\pi}{3}\right)$ (2) $y=2\cos\left(3\theta+\dfrac{\pi}{2}\right)$

  *(3) $y=\tan\left(\dfrac{\theta}{2}-\dfrac{\pi}{3}\right)$ (4) $y=2\sin\left(2\theta+\dfrac{\pi}{4}\right)+1$

▶例題159，160，161

*310 右の図は三角関数 $y=2\sin(a\theta-b)$ のグラフ
の一部である。a，b の値および図中の点 A，B，
C の値を求めよ。
ただし，$a>0$，$0<b<2\pi$ とする。

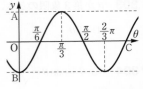

（▶例題159）

311 次の関数のグラフをかけ。また，その周期を求めよ。

  (1) $y=|\sin x|$ (2) $y=|\tan x|$

（▶例題159，161）

▶▶▶▶▶▶▶▶▶▶▶▶▶▶▶ |応|用|問|題| ◀◀◀◀◀◀◀◀◀◀◀◀◀◀◀

312 関数 $y=\sin x$ の増減を考えて，4つの数 $\sin 0$，$\sin 1$，$\sin 2$，$\sin 3$ を小さい方
から順に並べよ。

（▶例題159）

≪ヒント≫312 $y=\sin x$ のグラフをかいて考える。

基本問題

313 $0 \leqq \theta < 2\pi$ のとき，次の方程式を解け。　　　　　　　　▶例題162

  (1) $\sin\theta = \dfrac{\sqrt{2}}{2}$　　　　　(2) $\cos\theta = -\dfrac{\sqrt{3}}{2}$　　　*(3) $\sqrt{3}\tan\theta - 1 = 0$

314 $0 \leqq \theta < 2\pi$ のとき，次の不等式を解け。　　　　　　　　▶例題164

  (1) $\sin\theta > -\dfrac{\sqrt{3}}{2}$　　　*(2) $2\cos\theta + 1 \geqq 0$　　　*(3) $\tan\theta + 1 \leqq 0$

標準問題

315 $0 \leqq \theta < 2\pi$ のとき，次の方程式，不等式を解け。　　　　　▶例題163, 165

  *(1) $\cos\left(\theta - \dfrac{\pi}{4}\right) = -\dfrac{1}{\sqrt{2}}$　　　　　(2) $\sin\left(2\theta - \dfrac{\pi}{3}\right) = -\dfrac{\sqrt{3}}{2}$

  *(3) $\tan\left(2\theta + \dfrac{\pi}{4}\right) = \sqrt{3}$　　　　　(4) $2\cos\left(\theta - \dfrac{\pi}{3}\right) \leqq \sqrt{3}$

  *(5) $\sin\left(2\theta - \dfrac{\pi}{6}\right) > \dfrac{1}{\sqrt{2}}$　　　　　(6) $\sqrt{3}\tan\left(\theta + \dfrac{\pi}{4}\right) > 1$

316 $0 \leqq \theta < 2\pi$ のとき，次の方程式，不等式を解け。　　　　　▶例題166

  (1) $2\sin^2\theta - \sin\theta = 0$　　　　　*(2) $2\sin^2\theta - 3\cos\theta = 0$

  *(3) $2\cos^2\theta - 5\sin\theta - 4 < 0$　　　(4) $2\sin^2\theta + 3\cos\theta - 3 \geqq 0$

317 $0 \leqq \theta < 2\pi$ のとき，2次方程式 $x^2 - 2x\sin\theta - \dfrac{3}{2}\cos\theta = 0$ が実数解をもつための θ の範囲を求めよ。また，2つの解がともに正であるための θ の範囲を求めよ。

(▶例題166)

▶▶▶▶▶▶▶▶▶▶▶▶▶▶▶ **応用問題** ◀◀◀◀◀◀◀◀◀◀◀◀◀◀◀

318 $0 \leqq \theta \leqq \dfrac{\pi}{2}$ のとき，方程式 $\cos^2\theta + \dfrac{1}{2}\sin\theta = a$ …① について，次の問いに答えよ。

  (1) ①が実数解をもつための定数 a の値の範囲を求めよ。

  (2) ①が異なる2つの実数解をもつような定数 a の値の範囲を求めよ。

▶例題167

≪ヒント≫317 判別式および解と係数の関係を用いる。

25 三角関数の加法定理

基 本 問 題

319 次の値を求めよ。　　　　　　　　　　　　　　　　　　　　　　　　　　　▶例題168

　　*(1)　$\sin 105°$　　　　　　　*(2)　$\cos 75°$　　　　　　　(3)　$\tan 165°$

　　*(4)　$\sin \dfrac{\pi}{12}$　　　　　　　(5)　$\cos \dfrac{7}{12}\pi$　　　　　　*(6)　$\tan \dfrac{\pi}{12}$

320　$0<\alpha<\dfrac{\pi}{2}$, $\pi<\beta<\dfrac{3}{2}\pi$ で, $\sin\alpha=\dfrac{2}{3}$, $\cos\beta=-\dfrac{5}{13}$ のとき, $\cos\alpha$, $\sin\beta$,

　　$\cos(\alpha+\beta)$ の値を求めよ。　　　　　　　　　　　　　　　　　　　　▶例題169

***321**　$0<\alpha<\dfrac{\pi}{2}$, $\dfrac{\pi}{2}<\beta<\pi$ で, $\sin\alpha=\dfrac{4}{5}$, $\cos\beta=-\dfrac{12}{13}$ のとき, $\sin(\alpha-\beta)$,

　　$\cos(\alpha-\beta)$ の値を求めよ。　　　　　　　　　　　　　　　　　　　　▶例題169

***322**　$0<\alpha<\dfrac{\pi}{2}$, $\dfrac{\pi}{2}<\beta<\pi$ で, $\tan\alpha=4$, $\tan\beta=-3$ のとき, $\tan(\alpha+\beta)$,

　　$\tan(\alpha-\beta)$ の値を求めよ。　　　　　　　　　　　　　　　　　　　　▶例題169

323 次の2直線のなす角 θ を求めよ。ただし, $0\leqq\theta\leqq\dfrac{\pi}{2}$ とする。　　▶例題172

　　(1)　$y=-x$, $y=(2+\sqrt{3})x$　　　　　　*(2)　$x-2y+2=0$, $3x-y-3=0$

標 準 問 題

324 次の式の値を求めよ。　　　　　　　　　　　　　　　　　　　　　　（▶例題168）

　　(1)　$\cos x+\cos\left(x+\dfrac{2}{3}\pi\right)+\cos\left(x+\dfrac{4}{3}\pi\right)$

　　(2)　$\tan\left(\dfrac{\pi}{4}+x\right)\tan\left(\dfrac{\pi}{4}-x\right)$

325 次の等式を証明せよ。　　　　　　　　　　　　　　　　　　　　　　（▶例題168）

　　(1)　$\sin(\alpha+\beta)\sin(\alpha-\beta)=\cos^2\beta-\cos^2\alpha$

　*(2)　$\cos(\alpha+\beta)\cos(\alpha-\beta)=\cos^2\alpha-\sin^2\beta$

326 $\sin x+\sin y=1$, $\cos x-\cos y=\sqrt{2}$ のとき, $\cos(x+y)$ の値を求めよ。

　　　　　　　　　　　　　　　　　　　　　　　　　　　　　　　　　　　　▶例題170

▶▶▶▶▶▶▶▶▶▶▶▶▶▶ |応|用|問|題| ◀◀◀◀◀◀◀◀◀◀◀◀◀◀

*327 $\alpha+\beta=\dfrac{\pi}{4}$ のとき，$(1+\tan\alpha)(1+\tan\beta)$ の値を求めよ。

▶例題171

328 *(1) α，β はともに鋭角で $\sin\alpha=\dfrac{1}{7}$，$\sin\beta=\dfrac{11}{14}$ のとき，$\alpha+\beta$ の値を求めよ。

(2) α，β，γ はともに鋭角で，$\tan\alpha=\dfrac{\sqrt{3}}{7}$，$\tan\beta=\dfrac{\sqrt{3}}{6}$，$\tan\gamma=2-\sqrt{3}$ のとき，$\alpha+\beta$，$\alpha+\beta+\gamma$ の値を求めよ。

(▶例題169)

*329 2直線 $y=mx$ と $y=3mx$ $(m>0)$ について，次の問いに答えよ。
(1) 2直線のなす角を θ とするとき，$\tan\theta$ を m で表せ。
(2) m が変化するとき，θ の最大値を求めよ。

(▶例題172)

330 2次方程式 $x^2-4\sqrt{3}\,x-3=0$ の2つの解が $\tan\alpha$，$\tan\beta$ であるとき，$\alpha+\beta$ の値を求めよ。ただし，$0<\alpha<\pi$，$0<\beta<\pi$ とする。

(▶例題169, 171)

331 鋭角三角形の3つの角の大きさを α，β，γ とする。
$\dfrac{\sin\alpha\sin\beta}{\sin\gamma}=\dfrac{\tan\alpha\tan\beta}{\tan\alpha+\tan\beta}$ が成り立つことを証明せよ。

(▶例題168)

332 $0<\theta<\pi$，$\cos\left(\theta+\dfrac{\pi}{4}\right)=\dfrac{1}{3}$ のとき，$\sin\left(\theta+\dfrac{\pi}{4}\right)$，$\sin\theta$ の値を求めよ。

(▶例題169)

333 $x+y=\dfrac{5}{6}\pi$，$\tan x+\tan y=-\dfrac{2}{\sqrt{3}}$ のとき，x と y を求めよ。ただし，$-\pi<x<\pi$，$-\pi<y<\pi$ とする。

(▶例題171)

≪ヒント≫**328** (2) $\tan\{(\alpha+\beta)+\gamma\}$ として，加法定理を用いる。
329 (2) (1)から $\dfrac{1}{\tan\theta}=\dfrac{3m}{2}+\dfrac{1}{2m}$ と変形し，相加平均と相乗平均の関係を用いる。
330 解と係数の関係を用いる。
331 $\alpha+\beta+\gamma=\pi$ だから $\gamma=\pi-(\alpha+\beta)$ より $\sin\gamma=\sin\{\pi-(\alpha+\beta)\}$ となる。

●

334 $\frac{3}{2}\pi < \alpha < 2\pi$ で，$\cos\alpha = \frac{3}{4}$ のとき，$\sin 2\alpha$，$\cos 2\alpha$，$\tan 2\alpha$ の値を求めよ。

（▶例題173）

335 $\frac{\pi}{2} < \alpha < \pi$ で，$\cos 2\alpha = -\frac{3}{8}$ のとき，$\sin\alpha$，$\cos\alpha$，$\tan\alpha$ の値を求めよ。

▶例題173

*336 $0 < \alpha < \frac{\pi}{2}$ で，$\sin\alpha = \frac{1}{3}$ のとき，$\sin 2\alpha$，$\cos 4\alpha$ の値を求めよ。

▶例題173

*337 $\pi < \alpha < \frac{3}{2}\pi$ で，$\tan\alpha = 2$ のとき，$\sin 2\alpha$，$\cos 2\alpha$，$\tan 2\alpha$ の値を求めよ。

▶例題174

*338 半角の公式を用いて，次の値を求めよ。

(1) $\sin\frac{5}{8}\pi$ (2) $\cos\frac{\pi}{12}$ (3) $\tan\frac{5}{12}\pi$

▶例題176，177

339 $\frac{\pi}{2} < \alpha < \pi$ で，$\cos\alpha = -\frac{1}{3}$ のとき，$\sin\frac{\alpha}{2}$，$\cos\frac{\alpha}{2}$，$\tan\frac{\alpha}{2}$ の値を求めよ。

（▶例題176，177）

*340 次の等式を証明せよ。

(1) $\sin 2\alpha = (1 + \cos 2\alpha)\tan\alpha$ (2) $\dfrac{1 + \sin 2\alpha - \cos 2\alpha}{1 + \sin 2\alpha + \cos 2\alpha} = \tan\alpha$

(3) $\sin^4\alpha + \cos^4\alpha = 1 - \dfrac{1}{2}\sin^2 2\alpha$

（▶例題173）

■

*341 $\sin\theta - \cos\theta = \frac{1}{2}$ のとき，次の値を求めよ。ただし，$\frac{\pi}{4} < \theta < \frac{\pi}{2}$ とする。

(1) $\sin 2\theta$ (2) $\cos 2\theta$ (3) $\tan 2\theta$

（▶例題173，174）

342 $\tan\frac{\theta}{2} = t$ $(t \neq \pm 1)$ のとき，$\sin\theta$，$\cos\theta$，$\tan\theta$ を t を用いて表せ。

（▶例題177）

343 $\tan\theta + \dfrac{1}{\tan\theta} = \dfrac{5}{2}$ のとき，次の値を求めよ。

    (1) $\tan\theta$　　　　　　　　　　(2) $\sin 2\theta$

（▶例題174）

*344 $0 \leqq \theta < 2\pi$ のとき，次の方程式，不等式を解け。

    (1) $\sin 2\theta + \sin\theta = 0$　　　　　(2) $\cos 2\theta = 1 - 3\cos\theta$

    (3) $\cos 2\theta \geqq 2 - 3\sin\theta$　　　　(4) $\sin 2\theta < \cos\theta$

▶例題175

345 半径 9 の円 O_1 と半径 4 の円 O_2 が外接している。
右の図の 2 円の共通接線のなす角を θ とす
るとき，$\sin\theta$ の値を求めよ。

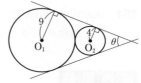

（▶例題177）

▶▶▶▶▶▶▶▶▶▶▶▶▶▶▶▶|応|用|問|題|◀◀◀◀◀◀◀◀◀◀◀◀◀◀◀◀◀

346 次の問いに答えよ。

    (1) $\cos 3\theta = 4\cos^3\theta - 3\cos\theta$ が成り立つことを示せ。

    (2) $\theta = 18°$ のとき $\cos 3\theta = \sin 2\theta$ が成り立つことを示せ。

    (3) $\sin 18°$ の値を求めよ。

▶例題178

347 $-\dfrac{\pi}{2} < \theta < \dfrac{\pi}{2}$ で，$2\cos 2\theta + a\sin 2\theta = 1$ のとき，$\tan\theta$ を a で表せ。

（▶例題173, 174）

348 $0 \leqq \theta < 2\pi$ のとき，不等式 $\cos\theta - 3\sqrt{3}\,\cos\dfrac{\theta}{2} + 4 > 0$ を満たす θ の値の範囲を
求めよ。

（▶例題175, 177）

349 2 次方程式 $25x^2 + 17x + a = 0$ の 2 つの解が $\sin\theta$，$\cos 2\theta$ であるとき，定数 a
の値を求めよ。

（▶例題175）

≪ヒント≫**347** 2 倍角の公式で 2θ を θ に統一し，両辺を $\cos^2\theta$ で割る。

     348 $\cos\dfrac{\theta}{2}$ に統一する。

     349 解と係数の関係を用いる。

基本問題

350 次の式を $r\sin(\theta+\alpha)$ の形に変形せよ。ただし，$r>0$，$-\pi\leqq\alpha<\pi$ とする。

    *(1) $3\sin\theta-\sqrt{3}\cos\theta$ (2) $-\sin\theta+\cos\theta$ (3) $-\sin\theta-\sqrt{3}\cos\theta$

      ▶例題179

351 次の式を $r\sin(\theta+\alpha)$ の形に変形せよ。ただし，$r>0$，$-\pi\leqq\alpha<\pi$ とする。

    (1) $2\sin\theta+\sqrt{5}\cos\theta$ (2) $3\sin\theta-2\cos\theta$

      ▶例題179

標準問題

352 $\sin\theta+\sqrt{3}\cos\theta$ を $r\cos(\theta+\alpha)$ の形に変形せよ。ただし，$r>0$，$-\pi\leqq\alpha<\pi$ とする。

      (▶例題179)

*353 $0\leqq\theta<2\pi$ のとき，次の方程式，不等式を解け。

    (1) $\sin\theta-\sqrt{3}\cos\theta=1$ (2) $\sqrt{3}\sin2\theta+\cos2\theta\geqq\sqrt{2}$

      ▶例題180

354 関数 $f(\theta)=\sqrt{3}\sin\theta-\cos\theta+1$ について，次の問いに答えよ。

    ただし，$0\leqq\theta<2\pi$ とする。

    (1) $f(\theta)$ がとりうる値の範囲を求めよ。

    (2) $f(\theta)=0$ を満たす θ の値を求めよ。

    (3) $f(\theta)<2$ を満たす θ の値の範囲を求めよ。

      (▶例題179, 180)

▶▶▶▶▶▶▶▶▶▶▶▶▶▶▶▶ **応用問題** ◀◀◀◀◀◀◀◀◀◀◀◀◀◀◀◀

355 関数 $f(\theta)=\dfrac{1}{2}(\sin\theta+\sqrt{3}\cos\theta)+\cos\theta(\sqrt{3}\sin\theta+\cos\theta)$ について，次の問いに答えよ。ただし，$-\dfrac{\pi}{2}\leqq\theta\leqq\pi$ とする。

    (1) $t=\sin\theta+\sqrt{3}\cos\theta$ のグラフをかけ。

    (2) $\cos\theta(\sqrt{3}\sin\theta+\cos\theta)$ を t を用いて表せ。

    (3) 方程式 $f(\theta)=a$ が相異なる 4 つの解をもつように定数 a の値の範囲を定めよ。

      (▶例題167, 179)

28 三角関数の最大・最小

基 本 問 題

356 $0 \leqq \theta < 2\pi$ のとき，次の関数の最大値・最小値と，そのときの θ の値を求めよ。

(1) $y = \sin\theta - 1$ (2) $y = \cos\theta + 2$

*(3) $y = 3\cos\theta - 1$ *(4) $y = -\dfrac{1}{2}\sin\theta + 3$

▶例題181

357 次の関数の最大値・最小値と，そのときの θ の値を求めよ。

*(1) $y = \sin\theta \quad \left(\dfrac{\pi}{3} \leqq \theta \leqq \dfrac{4}{3}\pi\right)$ (2) $y = \cos\theta \quad \left(\dfrac{\pi}{3} \leqq \theta \leqq \dfrac{4}{3}\pi\right)$

*(3) $y = 2\cos\theta - 1 \quad \left(\dfrac{\pi}{3} \leqq \theta \leqq \dfrac{7}{4}\pi\right)$

（▶例題181）

358 次の関数の最大値・最小値と，そのときの θ の値を求めよ。

(1) $y = \tan\theta \quad \left(\dfrac{\pi}{6} \leqq \theta \leqq \dfrac{\pi}{3}\right)$ *(2) $y = \tan\theta + 1 \quad \left(-\dfrac{\pi}{3} \leqq \theta \leqq \dfrac{\pi}{4}\right)$

（▶例題181）

359 $0 \leqq \theta < 2\pi$ のとき，次の関数の最大値・最小値を求めよ。また，(2)はそのときの θ の値も求めよ。

(1) $y = 4\sin\theta + 3\cos\theta$ *(2) $y = \sin\theta - \cos\theta$

（▶例題179，181）

標 準 問 題

*360 次の関数の最大値・最小値と，そのときの θ の値を求めよ。

(1) $y = \sin\left(\theta + \dfrac{\pi}{6}\right) \quad (0 \leqq \theta \leqq \pi)$ (2) $y = \cos\left(2\theta - \dfrac{\pi}{4}\right) \quad \left(0 \leqq \theta \leqq \dfrac{3}{4}\pi\right)$

▶例題181

361 次の関数の最大値・最小値と，そのときの θ の値を求めよ。

(1) $y = \tan 2\theta \quad \left(-\dfrac{\pi}{12} \leqq \theta \leqq \dfrac{\pi}{6}\right)$ (2) $y = \tan\left(\dfrac{\theta}{2} - \dfrac{\pi}{6}\right) \quad \left(\dfrac{\pi}{3} \leqq \theta \leqq \pi\right)$

（▶例題181）

362 $0 \leqq \theta < 2\pi$ のとき，次の関数の最大値と最小値を求めよ。また，そのときの θ の値を求めよ。

(1) $y = \cos 2\theta - 2\cos\theta$ *(2) $y = 2\sin\theta - \cos 2\theta$

▶例題182

363 $0 \leqq \theta \leqq \pi$ のとき，関数 $y = 6\cos^2\theta + 2\sqrt{3}\sin\theta\cos\theta$ の最大値と最小値，およびそのときの θ の値を求めよ。

▶例題183

364 $0 \leqq \theta < 2\pi$ のとき，関数 $y = \cos\left(\dfrac{\pi}{3} - \theta\right) - 2\cos\theta$ の最大値と最小値，およびそのときの θ の値を求めよ。

▶例題184

365 $AB = AC = 1$ である $\triangle ABC$ において，辺 BC の中点を M とする。$\angle B = \theta$ とするとき，$AM + BC$ の最大値を求めよ。

▶例題186

▶▶▶▶▶▶▶▶▶▶▶▶▶▶▶▶▶ |応|用|問|題| ◀◀◀◀◀◀◀◀◀◀◀◀◀◀◀◀◀

366 $0 \leqq \theta < 2\pi$ のとき，関数 $y = 2 - \cos^2\theta - 2a\sin\theta$ の最小値を求めよ。ただし，$a > 0$ とする。

(▶例題182)

367 関数 $y = 2\sin\theta\cos\theta + \sin\theta + \cos\theta + 1$ について，$\sin\theta + \cos\theta = t$ とおいて，次の問いに答えよ。ただし，$0 \leqq \theta < 2\pi$ とする。

(1) y を t の式で表せ。また，t のとりうる値の範囲を求めよ。

(2) y の最大値と最小値を求めよ。

▶例題185

368 $0 < \theta < 2\pi$ のとき，関数 $y = 2\sin^2\theta + 3\sin\theta\cos\theta + 6\cos^2\theta$ の最大値を求めよ。

(▶例題183)

369 $0 \leqq \theta \leqq \dfrac{\pi}{2}$ のとき，関数 $y = a\sin\theta + \cos\theta$ の最大値，最小値を求めよ。ただし，$a > 1$ とする。

(▶例題179, 181)

≪ヒント≫366 $\sin\theta = t$ とおいて，t の 2 次関数で考える。軸の位置で場合分け。

29 和・積の公式（発展）

標準問題

370 次の式の値を求めよ。　　　　　　　　　　　　　　　　　　　　　▶例題187

(1) $\cos 45° \cos 15°$ 　　　　　　　　(2) $\sin 45° \sin 15°$

(3) $\sin 105° + \sin 15°$ 　　　　　　　(4) $\cos 75° - \cos 15°$

371 次の式を三角関数の和または差の形に直せ。　　　　　　　　（▶例題187）

(1) $\sin 4\theta \cos \theta$ 　　　　　　　　(2) $\cos 3\theta \sin 2\theta$

(3) $\cos 3\theta \cos 2\theta$ 　　　　　　　(4) $\sin 2\theta \sin \theta$

372 次の式を三角関数の積の形に直せ。　　　　　　　　　　　　（▶例題187）

(1) $\sin 4\theta + \sin 2\theta$ 　　　　　　　(2) $\sin 7\theta - \sin 3\theta$

(3) $\cos 5\theta + \cos \theta$ 　　　　　　　(4) $\cos 2\theta - \cos 4\theta$

▶▶▶▶▶▶▶▶▶▶▶▶▶▶ |応|用|問|題| ◀◀◀◀◀◀◀◀◀◀◀◀◀◀◀

373 次の式の値を求めよ。　　　　　　　　　　　　　　　　　　　　▶例題187

(1) $\sin 20° \sin 40° \sin 80°$ 　　　　　(2) $\cos 5° + \cos 125° + \cos 115°$

374 $0 \leqq \theta \leqq \pi$ のとき，次の関数の値域を求めよ。　　　　　　（▶例題187）

(1) $y = \sin\left(\theta + \dfrac{5}{12}\pi\right)\cos\left(\theta + \dfrac{\pi}{12}\right)$ 　　(2) $y = \cos\left(\theta + \dfrac{5}{12}\pi\right) - \cos\left(\theta + \dfrac{\pi}{12}\right)$

375 $0 \leqq \theta < 2\pi$ のとき，方程式 $\cos\theta + \cos 3\theta = 0$ を解け。　　　▶例題188

376 $0 \leqq \theta < \dfrac{\pi}{2}$ のとき，不等式 $\cos\theta + \cos 3\theta + \cos 5\theta > 0$ を解け。　（▶例題188）

377 △ABC において，等式 $\sin A - \sin B + \sin C = 4\sin\dfrac{A}{2}\cos\dfrac{B}{2}\sin\dfrac{C}{2}$ が成り立

つことを示せ。　　　　　　　　　　　　　　　　　　　　　　　（▶例題187）

≪ヒント≫**373** (1) $\sin 80° \sin 20° \sin 40°$ として，$\sin 80° \sin 20°$ に 積→和 の公式を使う。

　　　　(2) まず，$\cos 125° + \cos 115°$ に 和→積 の公式を使う。

　　376 まず，$\cos 3\theta + \cos 5\theta$ に 和→積 の公式を使う。

　　377 $\sin B = \sin\{\pi - (A + C)\} = \sin(A + C) = \sin 2\left(\dfrac{A + C}{2}\right)$ と変形。また，$\sin A + \sin C$ に 和→積 の公式を使う。

30 累乗根・指数の拡張

基 本 問 題

378 次の式を計算せよ。

*(1) 3^0 *(2) 4^{-3} *(3) $(-6)^{-2}$

(4) $3^{-3} \div 3^{-6}$ (5) $7^{-4} \times 7 \div 7^{-2}$ (6) $2^4 \div (2^{-1})^3 \times 2^{-2}$

(7) $a^5 \times (a^{-2})^2$ *(8) $(a^{-3})^2 \times a^{-2} \div a^{-4}$ *(9) $(ab^{-2})^3 \times (a^2b)^{-2}$

▶例題189，190

379 次の累乗根を実数の範囲で求めよ。

(1) 8 の 3 乗根   (2) 256 の 4 乗根   (3) −243 の 5 乗根

▶例題191

380 次の値を求めよ。

*(1) $\sqrt[3]{64}$ *(2) $\sqrt[3]{-27}$ (3) $-\sqrt[4]{81}$

(4) $\sqrt[5]{-1}$ *(5) $\sqrt[5]{\dfrac{32}{243}}$ *(6) $\sqrt[4]{0.0001}$

▶例題192

*381 次の式を計算せよ。

(1) $\sqrt[4]{3}\sqrt[4]{27}$ (2) $\sqrt[3]{432} \div \sqrt[3]{2}$ (3) $\sqrt[3]{\sqrt{64}}$

▶例題192

382 次の□の中に適当な数を記入せよ。

*(1) $\sqrt{7} = 7^{\square}$ (2) $(\sqrt[3]{3})^{-2} = 3^{\square}$ *(3) $\sqrt[4]{64} = 2^{\square}$

(4) $3^{\frac{1}{3}} = \sqrt[\square]{3}$ (5) $5^{\frac{3}{4}} = \sqrt[\square]{5^{\square}}$ *(6) $2^{-\frac{2}{5}} = \dfrac{1}{\sqrt[\square]{4}}$

▶例題194

*383 次の値を求めよ。

(1) $25^{\frac{3}{2}}$ (2) $1000^{\frac{1}{3}}$ (3) $81^{-\frac{1}{4}}$

▶例題193

384 次の計算をせよ。ただし，$a>0$, $b>0$ とする。

(1) $4^{\frac{2}{3}} \times 4^{\frac{4}{3}}$ (2) $3^{\frac{1}{3}} \div 3^{-\frac{2}{3}}$ *(3) $5^{\frac{1}{2}} \times 5^{\frac{1}{3}} \div 5^{-\frac{1}{6}}$

(4) $(2^{-\frac{1}{2}})^6$ *(5) $\left\{ \left(\dfrac{27}{125} \right)^{\frac{1}{2}} \right\}^{-\frac{4}{3}}$ *(6) $(a^{\frac{1}{2}}b^{-\frac{2}{3}})^{\frac{1}{2}} \div (a^{-\frac{3}{4}}b^{-\frac{1}{3}})$

▶例題193

385 次の計算をせよ。ただし，$a>0$ とする。

(1) $\sqrt{3} \times \sqrt[3]{3} \div \sqrt[6]{3}$　　*(2) $\sqrt{2} \div \dfrac{1}{\sqrt[6]{2}} \times \sqrt[3]{2}$　　(3) $\sqrt[8]{25} \times \sqrt[3]{5} \div \sqrt[12]{5}$

*(4) $\sqrt[6]{a^5} \times \sqrt[3]{a} \div \sqrt{a^3}$　　(5) $a\sqrt{a\sqrt{a}} \div \sqrt{a}$　　*(6) $\sqrt[4]{a\sqrt{a\sqrt[5]{a}}}$

▶例題194

386 次の式を計算せよ。

*(1) $4^{-\frac{3}{2}} \times 27^{\frac{1}{3}} \div \sqrt{16^{-3}}$　　　　(2) $6^{\frac{1}{2}} \times 12^{-\frac{3}{4}} \div 9^{\frac{3}{8}}$

▶例題193，194

***387** 次の式を計算せよ。ただし，$a>0$，$b>0$ とする。

(1) $(a^{\frac{1}{4}}-b^{\frac{1}{4}})(a^{\frac{1}{4}}+b^{\frac{1}{4}})(a^{\frac{1}{2}}+b^{\frac{1}{2}})$　　(2) $(a^{\frac{1}{3}}+b^{\frac{1}{3}})(a^{\frac{2}{3}}-a^{\frac{1}{3}}b^{\frac{1}{3}}+b^{\frac{2}{3}})$

▶例題193

***388** $a>0$，$a^{\frac{1}{2}}+a^{-\frac{1}{2}}=4$ とする。このとき，次の式の値を求めよ。

(1) $a+a^{-1}$　　　　　　　　(2) $a^{\frac{3}{2}}+a^{-\frac{3}{2}}$

▶例題196

***389** $2^x-2^{-x}=3$ とする。このとき，次の式の値を求めよ。

(1) 2^x+2^{-x}　　　　(2) $2^{2x}-2^{-2x}$　　　　(3) $2^{3x}-2^{-3x}$

▶例題197

390 $a>0$，$a^{2x}=2$ のとき，$\dfrac{a^{3x}+a^{-3x}}{a^x+a^{-x}}$ の値を求めよ。

▶例題197

▶▶▶▶▶▶▶▶▶▶▶▶▶▶▶ |応|用|問|題| ◀◀◀◀◀◀◀◀◀◀◀◀◀◀◀

391 次の式を計算せよ。　　　　　　　　　　　▶例題193，195

(1) $\left\{\left(\dfrac{15}{2}\right)^{\frac{1}{2}}-\left(\dfrac{3}{10}\right)^{-\frac{1}{2}}\right\}^2$　　(2) $(6^{\frac{2}{3}}+6^{-\frac{2}{3}}+1)(6^{\frac{1}{3}}-6^{-\frac{1}{3}})$

(3) $\sqrt[3]{54}+\sqrt[3]{16}-\sqrt[3]{2}$　　　　(4) $\dfrac{8}{3}\sqrt[6]{9}+\sqrt[3]{-24}+\sqrt[3]{\dfrac{1}{9}}$

392 $2^{2x}+2^{-2x}=5$ のとき，2^{2x} および 2^x の値を求めよ。　　▶例題197

393 次の問いに答えよ。ただし，$a>0$，n は自然数とする。　　（▶例題193）

(1) $x=\dfrac{1}{2}(3^{\frac{1}{5}}-3^{-\frac{1}{5}})$ のとき，$(x+\sqrt{1+x^2})^5$ の値を求めよ。

(2) $x=\dfrac{1}{2}(a^{\frac{1}{n}}-a^{-\frac{1}{n}})$ のとき，$(x+\sqrt{1+x^2})^n$ の値を求めよ。

***394** 次の関数のグラフをかけ。

　(1)　$y=4^x$　　　　　　　(2)　$y=4^{-x}$　　　　　　(3)　$y=-4^x$

▶例題198

395 右の図は，関数 $y=a^x$ のグラフである。a，b，c の値を求めよ。

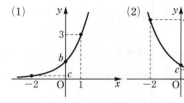

▶例題198

396 次の関数の値域を求めよ。

　(1)　$y=2^x$　$(0\leqq x\leqq 3)$　　　　　*(2)　$y=\left(\dfrac{1}{3}\right)^x$　$(-1\leqq x\leqq 2)$

▶例題198

397 次の各組の数の大小を比較せよ。

　(1)　3^{-1}，$3^{\frac{1}{2}}$，3^2，3^0　　　　　(2)　0.9^2，0.9^{-1}，0.9^{-2}，1

*(3)　$\sqrt[3]{8}$，$\sqrt[6]{8}$，$\sqrt[4]{8}$　　　　　(4)　$\sqrt{2}$，$\sqrt[3]{4}$，$\sqrt[7]{8}$

▶例題199

398 次の関数のグラフをかけ。

　*(1)　$y=2^{x+2}$　　　　　(2)　$y=\left(\dfrac{1}{2}\right)^{x-1}$　　　　　*(3)　$y=2^x+3$

▶例題198

399 次の各組の数の大小を比較せよ。

　(1)　$\sqrt[3]{4}$，$\sqrt[6]{7}$　　　　　*(2)　$\sqrt{3}$，$\sqrt[3]{5}$，$\sqrt[4]{8}$

*(3)　3^8，5^6　　　　　(4)　2^{30}，3^{20}，7^{10}

▶例題200

▶▶▶▶▶▶▶▶▶▶▶▶▶▶ 応 用 問 題 ◀◀◀◀◀◀◀◀◀◀◀◀◀◀

400 次の 4 つの数の大小を比較せよ。

$$\left(\dfrac{1}{2}\right)^{40},\ \left(\dfrac{1}{3}\right)^{30},\ \left(\dfrac{1}{5}\right)^{20},\ \left(\dfrac{1}{20}\right)^{10}$$

▶例題200

基 本 問 題 ━━━━━━━━━━━━━━━━━━━━━━━━━━━━━━●

401 次の方程式を解け。

*(1) $3^x = 81$

(2) $2^{x+2} = 128$

*(3) $3^x = \dfrac{1}{243}$

(4) $4^{x+1} = 8^{x+2}$

*(5) $3^{3x-1} = 27\sqrt{3}$

(6) $4^{2x} = 2^{2x+2}$

▶例題201

402 次の不等式を解け。

*(1) $2^x > 16$

(2) $2^x < \dfrac{1}{8}$

*(3) $\left(\dfrac{1}{3}\right)^x \geqq 81$

*(4) $5^{x-2} < \dfrac{1}{125}$

(5) $4^{x-1} \geqq \dfrac{1}{2\sqrt{2}}$

(6) $\left(\dfrac{1}{2}\right)^{2x-1} > \left(\dfrac{1}{8}\right)^x$

▶例題201

標 準 問 題 ━━━━━━━━━━━━━━━━━━━━━━━━━━━━━━■

403 次の不等式を解け。

(1) $\dfrac{1}{3} < 3^x < 27$

(2) $4^x < 8 < 16^x$

*(3) $\dfrac{1}{4} \leqq \left(\dfrac{1}{2}\right)^x \leqq 1$

*(4) $9^x < 27^{5-x} < 81^{2x+1}$

▶例題201

404 次の方程式を解け。

*(1) $2^{2x} - 5 \cdot 2^x + 4 = 0$

(2) $9^x - 6 \cdot 3^x - 27 = 0$

(3) $4^x - 3 \cdot 2^{x+1} - 16 = 0$

*(4) $4^{x+\frac{1}{2}} - 2^x - 6 = 0$

▶例題202

405 次の不等式を解け。

*(1) $3^{2x} - 4 \cdot 3^x + 3 \leqq 0$

(2) $4^x - 3 \cdot 2^x - 4 > 0$

(3) $\left(\dfrac{1}{9}\right)^x - \left(\dfrac{1}{3}\right)^x - 6 \geqq 0$

*(4) $32\left(\dfrac{1}{4}\right)^x - 18\left(\dfrac{1}{2}\right)^x + 1 < 0$

▶例題202

406 次の関数の最大値，最小値を求めよ。

*(1) $y = 9^x - 2 \cdot 3^x + 2$

(2) $y = -4^x + 2^{x+2} - 1$

▶例題205

407 次の方程式・不等式を解け。

(1) $2^x - 24 \cdot 2^{-x} = 5$

(2) $\left(\dfrac{1}{2}\right)^x \leqq 4^x - \dfrac{7}{2}$

▶例題202

408 次の連立方程式を解け。

(1) $\begin{cases} 2^x + 2^y = 12 \\ 2^{x+y} = 32 \end{cases}$

(2) $\begin{cases} 2^{x+2} - 5^y = 11 \\ 2^{x-2} \cdot 5^y = 5 \end{cases}$

▶例題204

409 次の関数の最大値・最小値を求めよ。

(1) $y = 9^x - 2 \cdot 3^{x+1} + 4 \quad (-1 \leqq x \leqq 1)$

(2) $y = 2^{1-2x} - 2^{1-x} + 1 \quad (0 \leqq x \leqq 2)$

▶例題205

410 次の不等式を解け。ただし，$a > 0$，$a \neq 1$ とする。

(1) $a^{2x} - a^{x+1} + a^x - a < 0$

(2) $a^{2x+1} - a^{x+2} - a^x + a > 0$

▶例題203

411 関数 $y = 4^x + 4^{-x} - 2^{x+1} - 2^{-x+1} + 4$ について，次の問いに答えよ。

(1) $t = 2^x + 2^{-x}$ とおいたとき，$4^x + 4^{-x}$ を t を用いて表せ。

(2) t のとりうる値の範囲を求めよ。

(3) y を t で表し，y の最小値とそのときの x の値を求めよ。

▶例題206

412 方程式 $3(9^x + 9^{-x}) - 13(3^x + 3^{-x}) + 16 = 0$ を解け。

▶例題206

413 a を定数とする。x についての方程式

$$4^x - 2^{x+2} + 2a - 6 = 0$$

が異なる 2 つの実数解をもつような a の値の範囲を求めよ。

▶例題48，202

≪ヒント≫**407** (1) $2^x = t \ (t > 0)$ とおくと $t - \dfrac{24}{t} = 5$ より $t^2 - 5t - 24 = 0$

(2) $2^x = t \ (t > 0)$ とおくと $\dfrac{1}{t} \leqq t^2 - \dfrac{7}{2}$ より $2t^3 - 7t - 2 \geqq 0$

413 $2^x = t \ (t > 0)$ とおくと $t^2 - 4t + 2a - 6 = 0$ が $t > 0$ の範囲に異なる 2 つの実数解をもてばよい。

33 対数とその性質

*414 (1)～(3)は $p=\log_a M$, (4)～(6)は $a^p=M$ の形で表せ。

(1) $2^4=16$　　　　(2) $25^{-\frac{1}{2}}=\dfrac{1}{5}$　　　　(3) $3^0=1$

(4) $\log_3 243=5$　　(5) $\log_{\sqrt{2}}8=6$　　(6) $\log_9\dfrac{1}{3}=-\dfrac{1}{2}$

▶例題207

*415 次の値を求めよ。

(1) $\log_2 8$　　　　(2) $\log_{10}1$　　　　(3) $\log_3\dfrac{1}{9}$

(4) $\log_{\frac{1}{3}}27$　　(5) $\log_{\sqrt{3}}9$　　(6) $\log_{25}\sqrt{125}$

▶例題208

416 次の等式を満たす p, M, a の値をそれぞれ求めよ。

(1) $\log_3 9\sqrt{3}=p$　　　　(2) $\log_3 M=-3$

(3) $\log_8 M=\dfrac{2}{3}$　　　　(4) $\log_a 81=4$

▶例題208

*417 次の式を簡単にせよ。

(1) $\log_{10}4+\log_{10}25$　　　　(2) $\log_3 63-\log_3 21$

(3) $\log_6\dfrac{4}{3}+2\log_6\sqrt{27}$　　(4) $\log_2 12-\dfrac{1}{3}\log_2 27$

(5) $\log_4 48-\log_4 18+\log_4 6$　　(6) $\log_{12}6+\log_{12}4-\log_{12}24$

▶例題209，210

418 底の変換公式を用いて，次の対数の値を求めよ。

(1) $\log_9 27$　　*(2) $\log_8 4$　　*(3) $\log_{\frac{1}{2}}16$　　(4) $\log_{\sqrt{5}}\dfrac{1}{25}$

▶例題211

419 次の式を簡単にせよ。

*(1) $\log_3 4\cdot\log_4 9$　　(2) $\log_9 8\cdot\log_4 81$

▶例題211

*420 次の式を簡単にせよ。　　　　　　　　　　　　　　　　　　　　　　　▶例題210

    (1)　$4\log_3 2 - \log_3 12 - 2\log_3 6$　　　　　　(2)　$\log_2 \sqrt{3} + 3\log_2 \sqrt{2} - \log_2 \sqrt{6}$

    (3)　$\dfrac{1}{2}\log_6 4 + \log_6 \dfrac{2}{3} + 2\log_6 \sqrt{27}$　　　　(4)　$\dfrac{3}{2}\log_3 2 + \dfrac{1}{2}\log_3 \dfrac{1}{6} - \log_3 \dfrac{2}{\sqrt{3}}$

421 $\log_{10} 2 = a$，$\log_{10} 3 = b$ とするとき，次の値を a，b で表せ。　　　▶例題213

    (1)　$\log_{10}\sqrt{12}$　　　　　(2)　$\log_6 24$　　　　　(3)　$\log_{10} 15$

422 次の式を簡単にせよ。　　　　　　　　　　　　　　　　　　　　　▶例題211，212

    *(1)　$\log_3 \dfrac{1}{4} + 2\log_9 12$　　　　　　(2)　$\log_2 50 - \log_4 25 + \log_2 \dfrac{8}{5}$

    *(3)　$\log_2 3 \cdot \log_7 8 \cdot \log_{81} 49$　　　　(4)　$\log_2 25 \div \log_4 5$

    (5)　$(\log_3 125 + \log_9 5)\log_5 3$　　　*(6)　$(\log_2 3 + \log_{16} 9)(\log_3 4 + \log_9 16)$

*423 $\log_2 3 = a$，$\log_3 7 = b$ とするとき，次の値を a，b で表せ。　　　▶例題213

    (1)　$\log_2 7$　　　　　　　　　　(2)　$\log_{14} 28$

424 次の値を求めよ。　　　　　　　　　　　　　　　　　　　　　　　　▶例題208

    (1)　$10^{\log_{10} 3}$　　　　　(2)　$3^{-2\log_3 4}$　　　　　(3)　$4^{\log_2 3}$

*425 $3^x = 5^y = 15^5$ のとき，$\dfrac{1}{x} + \dfrac{1}{y}$ の値を求めよ。　　　　　　▶例題214

▶▶▶▶▶▶▶▶▶▶▶▶▶▶▶ |応|用|問|題| ◀◀◀◀◀◀◀◀◀◀◀◀◀◀◀

426 等式 $1 - 5\log_6 2 = -m + n\log_6 3$ を満たす自然数 m，n を求めよ。　（▶例題207）

427 $a > 1$，$b > 1$ のとき，$\log_a b + \log_b a \geqq 2$ であることを証明せよ。　▶例題211

428 $\log_2 6 \cdot \log_3 6 - \log_2 3 - \log_3 2$ を簡単にせよ。　　　　　　　　　▶例題211

429 (1)　$x = \log_2 3$ のとき，$\dfrac{2^{3x} + 2^{-3x}}{2^x + 2^{-x}}$ の値を求めよ。

    (2)　$x = \log_3 \sqrt{5 + 2\sqrt{6}}$ のとき，$27^x + 27^{-x}$ の値を求めよ。

（▶例題207）

≪ヒント≫424　$P = a^{\log_a M}$ とおいて a を底とする両辺の対数をとるか，対数の定義より $a^{\log_a M} = M$ を利用する。
　　　　　426　$m + 1 = n\log_6 3 + 5\log_6 2$ より，$6^{m+1} = 2^5 \times 3^n$

34 対数関数

基 本 問 題

*430 次の関数のグラフをかけ。また，(2)，(3)について，(1)のグラフとの位置関係をいえ。

(1) $y=\log_5 x$ (2) $y=\log_{\frac{1}{5}} x$ (3) $y=\log_5 5x$

▶例題215

431 下の図は，関数 $y=\log_a x$ のグラフである。(1)，(2)それぞれについて，a，b，c の値を求めよ。

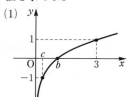 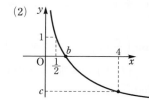

▶例題215

*432 次の関数の値域を求めよ。

(1) $y=\log_2 x$ $\left(\dfrac{1}{2}\leqq x\leqq 4\right)$ (2) $y=\log_{\frac{1}{3}} x$ $(3\leqq x\leqq 3\sqrt{3})$

▶例題215

433 次の各組の数の大小を比較せよ。

*(1) $\log_2\dfrac{1}{2}$，$\log_2\sqrt{3}$，$\log_2 5$ (2) $\log_{0.3}\dfrac{1}{2}$，0，$\log_{0.3} 5$

(3) $\log_{\frac{1}{3}} 4$，$\log_2 4$，$\log_3 4$ *(4) $\log_{\frac{1}{3}}\dfrac{1}{2}$，$\log_2\dfrac{1}{2}$，$\log_3\dfrac{1}{2}$

▶例題216

標 準 問 題

434 次の関数のグラフをかけ。

*(1) $y=\log_3(x-2)$ (2) $y=\log_3\dfrac{1}{x}$ (3) $y=\log_3(-x)$

(4) $y=\log_2 x+1$ *(5) $y=\log_{\frac{1}{2}} 2x$ *(6) $y=\log_2 x^2$

▶例題215

435 次の各組の数の大小を比較せよ。

*(1) $\log_4 9$，$\log_9 25$，$\dfrac{3}{2}$ (2) $\log_2 3$，$\log_3 2$，$\log_4 8$

▶例題216

436 関数 $y = \log_2 x$ のグラフを C_1 とする。次の問いに答えよ。

(1) C_1 と直線 $y = x$ に関して対称なグラフを表す関数を求めよ。

(2) C_1 を x 軸方向に 1，y 軸方向に 2 だけ平行移動したグラフを C_2 とする。C_2 を表す関数を求めよ。

(3) C_2 と直線 $y = x$ に関して対称なグラフを表す関数を求めよ。

▶例題215

*437 関数 $y = \log_2 x$ のグラフを C_1 とするとき，次の □ に適する値を入れよ。

(1) 関数 $y = \log_2 \dfrac{x}{4}$ のグラフは C_1 を y 軸方向に □ だけ平行移動したものである。

(2) 関数 $y = \log_2 (2x - p)$ のグラフが点 $(7, 3)$ を通るとき，$p = $ □ であり，このグラフは C_1 を x 軸方向に □，y 軸方向に □ だけ平行移動したものである。

(3) 関数 $y = \log_2 \left(\dfrac{x}{2} + 3 \right)$ のグラフを C_2 とすると，C_2 は C_1 を x 軸方向に □，y 軸方向に □ だけ平行移動したもので，C_1 と C_2 の共有点の座標は $($ □$, 1 + \log_2$ □$)$ である。

▶例題215

▶▶▶▶▶▶▶▶▶▶▶▶▶▶▶ |応|用|問|題| ◀◀◀◀◀◀◀◀◀◀◀◀◀◀◀

438 次の問いに答えよ。

(1) $c > 0$，$c \neq 1$ とするとき，$-\log_c x = \log_{\frac{1}{c}} x$ が成り立つことを示せ。

(2) $c > 1$ とするとき，関数 $y = \log_c x$ のグラフをもとにして，関数 $y = \log_c (x + 2)$ および $y = 2 \log_{\frac{1}{c}} (x - 2)$ のグラフをかけ。

▶例題215

439 次の各組の数の大小を比較せよ。

(1) $\log_2 5$，$2 \log_8 12$

(2) $2 \log_3 5$，$10^{\frac{1}{2}}$，$2^{\log_2 3}$

▶例題216

440 $1 < a < b < a^2$ のとき，次の数の大小を比較せよ。

$$\log_a b, \quad \log_b a, \quad \log_a \frac{a}{b}, \quad \log_b \frac{b}{a}, \quad \frac{1}{2}$$

▶例題217

≪ヒント≫**434** (6) $y = \log_2 x^2 = \begin{cases} 2 \log_2 x & (x > 0) \\ 2 \log_2 (-x) & (x < 0) \end{cases}$

439 (2) $2^{\log_2 3} = 3$ より，$2 \log_3 5$ と 3，$10^{\frac{1}{2}}$ と 3 の大小を比較。

440 $1 < a < b < a^2$ の各辺について，a を底とする対数，b を底とする対数をとる。
また，$\log_a \dfrac{a}{b} = 1 - \log_a b$，$\log_b \dfrac{b}{a} = 1 - \log_b a$

35 対数の方程式・不等式，最大・最小

441 次の方程式を解け。

*(1) $\log_2 x = -3$ (2) $\log_{\frac{1}{4}} x = -2$

(3) $\log_4 x = \dfrac{3}{2}$ *(4) $\log_{\frac{1}{3}}(x-1) = 2$

▶例題218

442 次の不等式を解け。

*(1) $\log_2 x \leqq 3$ (2) $\log_{\frac{1}{6}} x < 2$

(3) $\log_3 x \geqq -\dfrac{1}{2}$ *(4) $\log_{\frac{1}{3}}(x+2) > -2$

▶例題222

443 次の方程式を解け。

(1) $\log_x 8 = 3$ (2) $\log_2(\log_2 x) = 3$ (3) $\log_3 x^2 = 4$

▶例題218

444 次の不等式を解け。

(1) $-1 < \log_{10} x < 2$ (2) $0 \leqq \log_{\frac{1}{2}} x \leqq 5$ (3) $1 \leqq 1 - \log_2 x \leqq 4$

▶例題222

445 次の方程式を解け。

*(1) $\log_2(x+1) + \log_2(x-1) = 3$ *(2) $(\log_3 x)^2 - 2\log_3 x - 3 = 0$

(3) $(\log_2 8x)(\log_2 2x) = 3$ (4) $\log_2 x = \log_4(3x+10)$

*(5) $\log_3 x = \log_9(x+3) + \log_3 2$

▶例題219，220

446 次の不等式を解け。

*(1) $\log_2(x-2) + \log_2(x-3) < 1$ (2) $(\log_2 x)^2 - \log_2 x^2 - 8 > 0$

*(3) $4(\log_{\frac{1}{2}} x)^2 - 3\log_{\frac{1}{2}} x - 1 \leqq 0$ (4) $\log_3(x+1) \geqq \log_9(x+3)$

▶例題223

447 次の方程式・不等式を解け。

*(1) $2^x = 3^{x-1}$ (2) $5^{x-3} > 2^{x+2}$

▶例題221

448 次の関数の最大値・最小値を求めよ。

*(1) $y=(\log_2 x)^2-6\log_2 x+4$

*(2) $y=\log_8(x+1)+\log_8(7-x)$

(3) $y=\log_{\frac{1}{2}}(8x-x^2)$

(4) $y=\left(\log_2\dfrac{x^2}{4}\right)\left(\log_2\dfrac{4}{x}\right)$

▶例題226，227

▶▶▶▶▶▶▶▶▶▶▶▶▶▶▶|応|用|問|題|◀◀◀◀◀◀◀◀◀◀◀◀◀◀◀

449 次の不等式を解け。ただし，$a>0$，$a\neq1$ とする。

(1) $2\log_a x<\log_a(2-x)$

(2) $\log_a(x+2)\geqq\log_{a^2}(3x+16)$

▶例題224

450 次の方程式・不等式を解け。

(1) $\log_x 81-\log_3 x=3$

(2) $9^{x^2+2x-1}=10^{\log_{10}3}$

(3) $\log_3 x-3\log_x 9<-1$

(4) $4^{\log_2 x}-2^{\log_2 x}-2<0$

（▶例題221，225）

451 次の連立方程式を解け。

(1) $\begin{cases} \log_2 x=\log_4(y+3) \\ \log_2\dfrac{y}{x}=-1 \end{cases}$

(2) $\begin{cases} x^2y^4=1 \\ \log_2 x+(\log_2 y)^2=3 \end{cases}$

（▶例題219，220）

452 $\log_3 x+\log_3 y=2$ のとき，x^2+4y^2 の最小値を求めよ。

（▶例題209）

453 $x>0$，$y>0$ で，$2x+3y=12$ のとき，$\log_6 x+\log_6 y$ の最大値を求めよ。

（▶例題226）

454 $x>1$，$y>1$，$x^2y=1000$ のとき，$(\log_{10}x)(\log_{10}y)$ の最大値を求めよ。

（▶例題227）

455 $a>2$，$b>2$ のとき，次のA，B，Cについて $A\geqq B>C$ であることを示せ。

$$A=\log_2\dfrac{a+b}{2}, \quad B=\dfrac{\log_2 a+\log_2 b}{2}, \quad C=\dfrac{\log_2(a+b)}{2}$$

（▶例題209，217）

456 次の不等式の表す領域を図示せよ。

(1) $2\log_2 x-\log_2 y\leqq0$

(2) $\log_x y<2$

▶例題228

≪ヒント≫**451** (1) $\log_2 x=\log_4(y+3)$ より $x^2=y+3$，$\log_2\dfrac{y}{x}=-1$ より $x=2y$

(2) $x^2y^4=1$ の両辺の 2 を底とする対数をとると $2\log_2 x+4\log_2 y=0$

452 条件式より $xy=3^2$，$y=\dfrac{9}{x}$ として x^2+4y^2 に代入。(相加平均)≧(相乗平均) を使う。

454 $x^2y=1000$ より $\log_{10}x^2y=\log_{10}10^3$，$\log_{10}x^2+\log_{10}y=3$ より，$\log_{10}y=3-2\log_{10}x$

36 常用対数

基本問題

457 次の値を求めよ。

*(1) $\log_{10} 10000$　　　(2) $\log_{10} \dfrac{1}{10}$　　　*(3) $\log_{10} 0.001$

▶例題208

458 $\log_{10} 1.23 = 0.0899$ とするとき，次の値を求めよ。

*(1) $\log_{10} 123$　　　(2) $\log_{10} 12300$　　　*(3) $\log_{10} 0.0123$

▶例題213

459 $\log_{10} 2 = 0.3010$，$\log_{10} 3 = 0.4771$ とするとき，次の値を求めよ。

*(1) $\log_{10} 12$　　　*(2) $\log_{10} 5$　　　(3) $\log_{10} 1.25$

▶例題213

標準問題

460 $\log_{10} 2 = 0.3010$ とする。次の各数は何桁の整数か。

*(1) 2^{50}　　　　　　　　　　(2) 5^{45}

▶例題229

461 $\log_{10} 2 = 0.3010$，$\log_{10} 3 = 0.4771$ とする。次の各数は，小数第何位にはじめて0でない数字が現れるか。

*(1) $\left(\dfrac{1}{2}\right)^{30}$　　　　　　　　(2) 0.6^{15}

▶例題231

462 $\log_{10} 2 = 0.3010$ とする。2^n が7桁の整数となるときの整数 n のとりうる値の範囲を求めよ。

▶例題230

463 $\log_{10} 2 = 0.3010$，$\log_{10} 3 = 0.4771$ とする。次の不等式を満たす整数 n の最小値を求めよ。

(1) $0.8^n < 0.003$　　　　　(2) $\left(\dfrac{18}{5}\right)^n > 6^5$

▶例題230

464 ある国の人口が1年間に2％の割合で減少し続けるとすると，この国の人口が初めて現在の人口の50％未満となるのは何年後か。
ただし，$\log_{10} 2 = 0.3010$，$\log_{10} 7 = 0.8451$ とする。

▶例題232

▶▶▶▶▶▶▶▶▶▶▶▶▶▶▶ |応|用|問|題| ◀◀◀◀◀◀◀◀◀◀◀◀◀◀◀

*465 1時間ごとに分裂して，個数が2倍に増えるバクテリアがある。このバクテリア5個が分裂を続けて4億個を超えるのは何時間後になるか。

ただし，$\log_{10}2=0.3010$ とする。

▶例題232

*466 $\log_{10}2=0.3010$，$\log_{10}3=0.4771$ とする。

(1) 3^{100} の最高位の数字を求めよ。

(2) $\left(\dfrac{1}{5}\right)^{32}$ の小数点以下にはじめて現れる 0 以外の数字を求めよ。

▶例題230，231

467 $\log_{10}50$ の小数部分を x とするとき，10^{1-x} の値を求めよ。

468 $1<N<10$，$10<M<100$ であるような整数 N，M に対し，$\log_{10}N$ の値は $\log_{10}M$ の小数部分 a の2倍である。次の問いに答えよ。

(1) $\log_{10}N$，$\log_{10}M$ を a で表せ。　(2) M，N の値を求めよ。

▶例題229，230

469 次の問いに答えよ。

(1) $\log_{10}2=0.301$，$\log_{10}3=0.477$ とするとき，$x=5$，6，8 に対して $\log_{10}x$ を求めよ。

(2) $\log_{10}7$ は $\log_{10}6$ と $\log_{10}8$ のどちらに近いか。また，その理由を述べよ。

(▶例題213)

470 □ に適当な自然数を記入せよ。

a，b は自然数で，a^5b^5 が 24 桁の数であれば，$10^{\boxed{ア}}\leqq a^5b^5<10^{\boxed{ア}+1}$ であるから，a^3b^3 の桁数 n は $\boxed{イ}\leqq n<\boxed{イ}+1$ を満たしている。

さらに，$\dfrac{a^5}{b^5}$ の整数部分が 16 桁であれば，$10^{\boxed{ウ}}\leqq\dfrac{a^5}{b^5}<10^{\boxed{ウ}+1}$ であるから，

$10^{\boxed{エ}}\leqq a^{10}<10^{\boxed{エ}+2}$，$10^{\boxed{オ}}<b^{10}<10^{\boxed{カ}}$ である。

したがって，a は $\boxed{キ}$ 桁の数であり，b は $\boxed{ク}$ 桁の数である。

▶例題230

- -

≪ヒント≫**467** $10<50<100$ の各辺の常用対数をとって考える。

468 $1<\log_{10}M<2$ だから，$\log_{10}M$ の整数部分は 1 。

469 (2) $\log_{10}7-\log_{10}6=P$，$\log_{10}8-\log_{10}7=Q$ とおくと，$P>Q$ ならば $\log_{10}8$ に近く，$P<Q$ ならば $\log_{10}6$ に近い。

37 平均変化率・微分係数・導関数

基 本 問 題

471 次の関数について，与えられた x の範囲における平均変化率を求めよ。

(1) $f(x)=-2x+3$ （$x=-1$ から $x=2$ まで）

*(2) $f(x)=x^2-2x$ （$x=2$ から $x=3$ まで）

(3) $f(x)=x^2-1$ （$x=2$ から $x=2+h$ まで）

▶例題233

472 次の極限値を求めよ。

(1) $\lim_{x\to 3}(2x-3)$ 　　(2) $\lim_{h\to 0}\dfrac{h^2-h}{h}$ 　　(3) $\lim_{h\to 0}\dfrac{(1+h)^3-1}{h}$

(4) $\lim_{x\to -2}(x^2+2x)$ 　　(5) $\lim_{x\to 3}\dfrac{x^2-9}{x-3}$ 　　(6) $\lim_{x\to 2}\dfrac{x^2+2x-8}{x^2-x-2}$

▶例題234

473 次の関数の $x=3$ における微分係数を定義に従って求めよ。

(1) $f(x)=5x$ 　　　　　　　*(2) $f(x)=-x^2+1$

▶例題235

474 次の関数の導関数を定義に従って求めよ。

(1) $f(x)=x^2-x$ 　　　　　　*(2) $f(x)=x^3+3x$

▶例題236

475 次の関数を微分せよ。

*(1) $y=3x^2-x+5$ 　　　　(2) $y=-3x+4$

*(3) $y=2$ 　　　　　　　　*(4) $y=-\dfrac{2}{3}x^3+\dfrac{5}{2}x^2-6x$

(5) $y=(2x-3)^2$ 　　　　　(6) $y=(3x-1)(x+2)$

*(7) $y=(3x+1)(2+x^2)$ 　　(8) $y=(x+2)^3$

▶例題237

476 関数 $f(x)=x^3-2x+4$ について，次の値を求めよ。

(1) $f'(2)$ 　　　　　(2) $f'(0)$ 　　　　　(3) $f'(-1)$

▶例題238

477 次の関数を ［ ］内に示された変数について微分せよ。

(1) $y=2t^2-4t+3$ ［t］ 　　*(2) $y=t^3-at+b$ ［t］

*(3) $S=4\pi r^2$ ［r］ 　　　(4) $V=\dfrac{1}{3}\pi r^2h$ ［h］

▶例題239

478 次の関数を微分せよ。

*(1) $y=(x+1)(x-2)(x+3)$

(2) $y=(2x+3)^3$

(3) $y=x^4-3x^3+2x-1$

(4) $y=-x^5+2x^3+6$

▶例題237, 240

479 関数 $f(x)=x^2-3x$ の $x=-1$ から $x=2$ まで変化するときの平均変化率と, $x=a$ における微分係数 $f'(a)$ が等しいとき, a の値を求めよ。

▶例題233, 238

*480 次の条件を満たす 2 次関数 $f(x)$ を求めよ。

$$f(2)=-2, \quad f'(0)=0, \quad f'(1)=2$$

▶例題241

481 次の条件を満たす 3 次関数 $f(x)$ を求めよ。ただし, x^3 の係数は 1 とする。

$$f(1)=2, \quad f(-1)=-2, \quad f'(-1)=0$$

▶例題241

482 次の条件を満たす 2 次関数 $f(x)$ を求めよ。

(1) $xf'(x)-3f(x)+x^2-3x+2=0$

(2) $f'(x)\{2f'(x)-x\}=6f(x)+2x+8$

▶例題241, 242

▶▶▶▶▶▶▶▶▶▶▶▶▶▶▶▶ |応|用|問|題| ◀◀◀◀◀◀◀◀◀◀◀◀◀◀◀◀

483 次の等式を満たす n 次関数 $f(x)$ を求めよ。ただし, $f(x)$ は定数関数でないとする。

(1) $f(x)+2xf'(x)=7x^3-5x^2+2$

(2) $4f(x)-3=(2x+1)f'(x), \quad f(0)=1$

▶例題242

484 $\{f(x)g(x)\}'=f'(x)g(x)+f(x)g'(x)$ であることを利用して, 次の関数を微分せよ。《発展》

(1) $y=(x^2+1)(3x-1)$

(2) $y=(5-x)(x^2+3)$

▶例題240

485 $f(x)=(ax+b)^n$ のとき, $f'(x)=na(ax+b)^{n-1}$ であることを利用して, 次の関数を微分せよ。《数Ⅲ》

(1) $f(x)=(3x+1)^2$

(2) $f(x)=(5-4x)^3$

▶例題240

基本問題

486 次の曲線上の与えられた点における接線および法線の方程式を求めよ。

*(1) $y = x^2 - 2x$ $(2,\ 0)$ (2) $y = -x^2 + 5$ $(-1,\ 4)$

*(3) $y = x^3 - 3x - 1$ $(1,\ -3)$ (4) $y = -x^3 + x^2$ $(-1,\ 2)$

▶例題243

487 次の曲線上の x 座標が 2 である点における接線の方程式を求めよ。

(1) $y = -x^2 + 3x$ (2) $y = 2x^3 - 5$

▶例題243

*** 488** 曲線 $y = x^3 - 3x^2 + 2$ について，次の条件を満たす接線の方程式を求めよ。

(1) 傾きが -3 である接線   (2) 直線 $y = 9x + 4$ に平行な接線

(3) x 軸に平行な接線

▶例題244

489 次の曲線に，与えられた点から引いた接線の方程式を求めよ。

*(1) $y = x^2 + 3x$ $(0,\ -4)$ (2) $y = x^2 + 1$ $(3,\ 6)$

▶例題246

標準問題

*** 490** 曲線 $y = x^3 - 6x$ 上の点 $(-1,\ 5)$ における接線と，この曲線との接点以外の共有点の座標を求めよ。

▶例題243

491 次の曲線の接線で，与えられた点を通るものの方程式を求めよ。

*(1) $y = -x^3 + 3x + 2$ $(-2,\ 4)$ (2) $y = x^3 - 4x$ $(2,\ 0)$

▶例題246

*** 492** 曲線 $y = x^3 - 3x^2$ の接線で，傾きが最小になる接線の方程式を求めよ。

▶例題245

493 曲線 $y = ax^2 + bx$ は点 $(1,\ -5)$ を通り，この点における接線の傾きが -4 であるとき，$a,\ b$ の値を求めよ。

▶例題244

*** 494** 曲線 $y = x^3 + ax + b$ が点 $(2,\ 3)$ で直線 $y = 9x - 15$ に接するように $a,\ b$ の値を定めよ。

▶例題244

495 曲線 $y=x^3+kx$ と直線 $y=-3x+16$ が接するとき，k の値を求めよ。

▶例題244

*496 2つの関数 $f(x)=x^3+ax$，$g(x)=bx^3+c$ のグラフがともに点 $(1,\ 0)$ を通り，この点で共通の接線をもつとき，定数 a，b，c の値を求めよ。

▶例題247

497 2つの放物線 $y=x^2$，$y=-x^2+6x-5$ の共通接線の方程式を求めよ。

▶例題248

498 2つの曲線 $y=x^3+3$，$y=x^3-1$ について，次の問いに答えよ。

(1) $f(x)=x^3+3$ とし，曲線 $y=f(x)$ 上の点 $(a,\ f(a))$ における接線の方程式を求めよ。

(2) $g(x)=x^3-1$ とし，曲線 $y=g(x)$ 上の点 $(b,\ g(b))$ における接線の方程式を求めよ。

(3) (1)，(2)の接線が一致するとき，その接線（共通接線）の方程式を求めよ。

▶例題248

▶▶▶▶▶▶▶▶▶▶▶▶▶▶▶|応|用|問|題|◀◀◀◀◀◀◀◀◀◀◀◀◀◀◀◀

499 $f(x)=x^3-2ax^2+(2+a^2)x+2$ とする。曲線 $y=f(x)$ 上の点 $\mathrm{A}(a,\ f(a))$ における接線と法線および x 軸でつくられる三角形の面積が 10 となるように定数 a の値を定めよ。

▶例題243

500 2つの曲線 $y=x^2+x+1$，$y=x^2-4x+6$ について，次の問いに答えよ。

(1) 2つの曲線の交点の座標を求めよ。

(2) (1)の交点における2つの接線のなす角の大きさを求めよ。

▶例題243

501 座標平面上に曲線 $C:y=x^4+ax^3+bx^2+7x$ と直線 l がある。l と C は2点 P，Q で接していて，P，Q の x 座標はそれぞれ -1，1 である。このとき，定数 a，b の値と直線 l の方程式を求めよ。

▶例題243

39 関数の増減と極値

基 本 問 題

502 次の関数の増減を調べ，極値を求めよ。

(1) $y=x^2-2x$

(2) $y=-2x^2-x+1$

*(3) $y=\dfrac{1}{3}x^3+\dfrac{1}{2}x^2-2x$

(4) $y=-2x^3+6x-3$

(5) $y=x^3-3x^2+3x+1$

*(6) $y=-x^3+6x^2-12x-3$

▶例題249

503 次の関数の増減と極値を求め，そのグラフをかけ。

(1) $y=x^2-4x+5$

(2) $y=-2x^2+4x+1$

*(3) $y=x^3-3x+2$

(4) $y=x^3-3x^2-9x+4$

*(5) $y=-x^3+6x^2-9x$

(6) $y=-x^3+6x$

▶例題250

504 関数 $f(x)=x^3+ax$ が $x=-2$ で極値をとるとき，定数 a の値を求めよ。

▶例題253

505 関数 $f(x)=2x^3+ax+b$ が $x=-1$ で極大値 7 をとるとき，定数 a, b の値と極小値を求めよ。

▶例題253

標 準 問 題

506 次の関数の増減と極値を求め，そのグラフをかけ。

(1) $y=x^3-4x^2+4x$

*(2) $y=2x^3-12x^2+24x-15$

*(3) $y=-x^3+2x^2+4x$

(4) $y=-x^3-3x^2-3x+1$

▶例題250

507 $y=ax^3+bx^2+cx+d$ のグラフが右の図であるとき，☐の中に $<$, $>$, $\leqq$, $\geqq$ のうち正しいものを記入せよ。

(1) $a+b+c+d$ 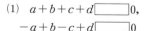 0,

$-a+b-c+d$ ☐ 0

(2) a ☐ 0, b ☐ 0, c ☐ 0,

d ☐ 0

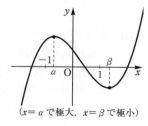

（$x=\alpha$ で極大，$x=\beta$ で極小）

▶例題250

▶例題250

*508 関数 $f(x)=x^3+ax^2+bx+c$ が $x=1$ で極小値 6，$x=-1$ で極大値をもつとき，a，b，c の値と極大値を求めよ。

▶例題253

509 $x=-1$ で極大値 12 をとり，$x=3$ で極小値 -20 をとる 3 次関数 $f(x)$ を求めよ。

▶例題253

*510 3 次関数 $f(x)=ax^3+6x^2+3ax+2$ $(a\neq0)$ について，次の条件を満たす a の値の範囲を求めよ。

(1) つねに増加する　　　　　(2) つねに減少する

(3) 極値をもたない　　　　　(4) 極値をもつ

▶例題254, 255

*511 関数 $f(x)=2x^3-3(a+2)x^2+12ax$ の極小値が 4 であるとき，定数 a の値を求めよ。また，このときの極大値を求めよ。ただし，$a<2$ とする。

▶例題256

▶▶▶▶▶▶▶▶▶▶▶▶▶▶▶▶ |応|用|問|題| ◀◀◀◀◀◀◀◀◀◀◀◀◀◀◀◀

512 関数 $f(x)=x^3+ax^2+bx+c$ がすべての実数の範囲で単調に増加するための必要十分条件を求めよ。また，点 $(a,\ b)$ の存在範囲を図示せよ。

▶例題255

513 関数 $y=-4x^3+6ax^2+1$ が $x>0$ で単調に減少するような定数 a の値の範囲を求めよ。

▶例題255

514 次の 3 次不等式を解け。

(1) $x^3-9x\geq0$　　　　　　(2) $x^3-4x^2+5x-2<0$

(3) $x^3+x^2-2x-2>0$　　　(4) $x^3-3x+2\leq0$

▶例題251

515 次の関数の極値を求め，そのグラフをかけ。

(1) $y=x^4-2x^2$　　　　　　(2) $y=x^4-6x^2-8x+13$

▶例題252

516 関数 $f(x)=x^3+ax^2+bx+c$ が $f(1)=f(-1)=0$ を満たし，$x=-2$ で極値をとるとき，次の問いに答えよ。

(1) 定数 a，b，c の値を求めよ。

(2) $f(x)=0$ の解で，$x=1$，-1 以外の解を求めよ。

(3) $f(x)$ が極値をとる x の値で，-2 以外の値を求めよ。

▶例題253

40 関数の最大・最小

基本問題

517 次の関数の最大値・最小値を求めよ。また，そのときの x の値を求めよ。

*(1) $y=x^3-6x^2+9x$ $(-1 \leqq x \leqq 4)$

*(2) $y=-x^3-3x^2+2$ $(-2 \leqq x \leqq 2)$

(3) $y=-\dfrac{1}{3}x^3+\dfrac{1}{2}x^2+2x$ $(-2 \leqq x \leqq 3)$

▶例題257

518 次の関数の最大値・最小値を求めよ。また，そのときの x の値を求めよ。

(1) $y=x^3+x^2-x+1$ $(0 \leqq x \leqq 1)$ *(2) $y=-x^3+9x$ $(x \leqq 2)$

(3) $y=2x^3+3x^2-12x+5$ $(-1 \leqq x \leqq 1)$

▶例題257

標準問題

*519 $x+2y=3$，$x \geqq 0$，$y \geqq 0$ のとき，xy^2 の最大値・最小値を求めよ。また，そのとき
の x，y の値を求めよ。

▶例題261

*520 放物線 $y=2x-x^2$ と x 軸とで囲まれた部分
に，右の図のように台形 ABCD を内接させ
るとき，次の問いに答えよ。

(1) 点 C の座標を $(x, 2x-x^2)$，台形の面積
を S とおいたとき，S を x の式で表せ。
また，x のとりうる値の範囲を求めよ。

(2) 台形 ABCD の面積の最大値と，そのと
きの点 C の座標を求めよ。

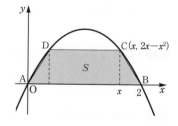

▶例題262

521 関数 $f(x)=x^3-9x^2+15x+a$ $(-1 \leqq x \leqq 2)$ の最大値が 3 になるように，a の値
を定めよ。

▶例題258

*522 $a>-3$ のとき，関数 $f(x)=x^3+3x^2$ の $-3 \leqq x \leqq a$ における最大値を求めよ。

▶例題260

523 $a>0$ のとき，関数 $f(x)=ax^3-3ax^2+b$ の $1 \leqq x \leqq 3$ における最大値が 11，最
小値が 3 であるとき，定数 a，b の値を求めよ。

▶例題258

*524 関数 $f(x)=x^3-3ax^2$ $(0\leqq x\leqq1)$ について，次の問いに答えよ。ただし，$a>0$
とする。

(1) 最大値を求めよ。　　　　　　　(2) 最小値を求めよ。

▶例題259

525 3次関数 $y=ax^3+3ax^2+b$ $(a\neq0)$ の $0\leqq x\leqq2$ における最大値が 4，最小値が
0 となるように，定数 a，b の値を定めよ。

▶例題258

526 底面の直径が 6，高さが 12 の円錐に，右の図のように底面
を共有して内接する円柱を考える。次の問いに答えよ。

(1) この円柱の底面の半径を r とするとき，円柱の高さ
を r で表せ。

(2) この円柱の体積の最大値を求めよ。

▶例題262

527 曲線 $y=\dfrac{1}{2}x^2$ 上の点で，点 A$(4,1)$ までの距離が最小になる点を B とするとき，
点 B の座標と線分 AB の長さを求めよ。

▶例題262

528 関数 $y=\log_2(x-1)+2\log_2(2-x)$ の最大値を求めよ。また，そのときの x の値
を求めよ。

▶例題263

529 関数 $y=4\sin^3\theta-15\sin^2\theta+12\sin\theta+\dfrac{1}{4}$ $(0\leqq\theta\leqq\pi)$ の最大値，最小値を求めよ。
また，そのときの θ の値も求めよ。

▶例題263

530 関数 $y=4(\sin^3\theta-\cos^3\theta)+6(\sin\theta-\cos\theta)-6\sin\theta\cos\theta$ $(0\leqq\theta<2\pi)$ について，
次の問いに答えよ。

(1) $\sin\theta-\cos\theta=t$ とおくとき，y を t の式で表せ。

(2) t のとりうる値の範囲を求めよ。

(3) y の最大値，最小値とそのときの θ の値を求めよ。

▶例題263

531 x, y, z は，$x+y+z=1$，$x^2+y^2+z^2=1$ を満たす実数とする。次の問いに答えよ。

(1) $y+z$, yz をそれぞれ x で表せ。

(2) x のとりうる値の範囲を求めよ。

(3) $x^3+y^3+z^3$ を x で表し，最大値と最小値を求めよ。

▶例題263

基本問題

532 次の方程式の異なる実数解の個数，および，その実数解の符号を答えよ。

*(1) $x^3+3x^2-1=0$ *(2) $x^3-3x-2=0$

(3) $-2x^3+9x^2-4=0$ *(4) $x^3+3x^2+5x-2=0$

▶例題264

533 次の3次方程式は与えられた区間に実数解をもつことを示せ。

(1) $x^3-3x^2+4x-5=0$ $(2<x<3)$

(2) $x^3-4x+1=0$ $(-3<x<-2,\ 0<x<1,\ 1<x<2)$

▶例題264

標準問題

*534 a を定数とし，方程式 $2x^3-3x^2-12x-a=0$ …① について，次の問いに答えよ。

(1) ①の異なる実数解の個数を，a の値により分類せよ。

(2) ①が異なる3つの実数解 $\alpha,\ \beta,\ \gamma\ (\alpha<\beta<\gamma)$ をもつとき，α のとりうる値の範囲を求めよ。

▶例題265, 266

535 次の不等式を証明せよ。

*(1) $x\geqq0$ のとき $x^3+4\geqq3x^2$ (2) $x>0$ のとき $x^3+3x>3x^2-1$

▶例題269

536 方程式 $x^3-3x-a=0$ が，1つの負の解と異なる2つの正の解をもつような実数 a の値の範囲を求めよ。

▶例題268

537 曲線 $y=x^3+3x^2-8x$ と直線 $y=x+k$ との共有点の個数を実数 k の値により分類せよ。

▶例題265

*538 方程式 $x^3-3p^2x+2=0$ が異なる3つの実数解をもつような実数 p の値の範囲を求めよ。

▶例題268

*539 $x>0$ のとき，不等式 $x^3-x^2-x+a\geqq0$ が成り立つような実数 a の値の範囲を求めよ。

▶例題270

540 関数 $f(x)=x^3-3ax^2+2a$ $(a>0)$ について，次の問いに答えよ。

   (1) $f(x)$ の極値を求めよ。

   (2) 方程式 $f(x)=0$ が，$x<2$ の範囲で，異なる 3 個の実数解をもつための a の
     値の範囲を求めよ。

▶例題266

541 方程式 $x^2|x-1|=a$ が相異なる 4 個の実数解をもつように，定数 a の値の範囲
   を定めよ。また，このとき，正の解と負の解の個数を調べよ。

▶例題265

542 関数 $f(x)=x^3+2x^2-4x$ に対して，次の問いに答えよ。

   (1) 曲線 $y=f(x)$ 上の点 $(t,\ f(t))$ における接線の方程式を求めよ。

   (2) 点 $(0,\ k)$ から曲線 $y=f(x)$ に引くことができる接線の本数を，k の値によ
     り調べよ。

▶例題267

543 $f(x)=2\cdot8^x-6\cdot4^{x+\frac{1}{2}}+9\cdot2^{x+1}+5$ として，a は定数とする。次の問いに答えよ。

   (1) $t=2^x$ とおくとき，$f(x)$ を t の式で表せ。

   (2) 方程式 $f(x)=a$ の異なる実数解はいくつあるか。a の値により分類せよ。

   (3) $f(x)=a$ が異なる 2 個の実数解をもつとき，a の値とこのときの解を求めよ。

▶例題266

544 不等式 $3x^4-4x^3+3x^2-6x+4\geqq0$ を証明せよ。

▶例題269

545 微分を利用して，不等式 $x^2+y^2+z^2\geqq xy+yz+zx$ を証明せよ。また，等号が
   成り立つのはどのようなときか。

▶例題271

≪ヒント≫**537** 方程式 $x^3+3x^2-8x=x+k$ の実数解の個数を調べる。

    540 (2) グラフが右図のようになればよい。

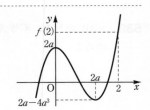

42 不定積分

基 本 問 題

546 次の不定積分を求めよ。

(1) $\displaystyle\int 6x\,dx$ (2) $\displaystyle\int 12x^2\,dx$ (3) $\displaystyle\int (-3)\,dx$

(4) $\displaystyle\int dx$ *(5) $\displaystyle\int (-2x+7)\,dx$ *(6) $\displaystyle\int (3x^2-4x+1)\,dx$

▶例題272

547 次の不定積分を求めよ。

(1) $\displaystyle\int x(x+3)\,dx$ *(2) $\displaystyle\int (x+2)(x-1)\,dx$ (3) $\displaystyle\int (2x-1)^2\,dx$

(4) $\displaystyle\int (3x+1)(3x-1)\,dx$ (5) $\displaystyle\int (x-2)(2x-3)\,dx$ *(6) $\displaystyle\int (1-x)(2x+1)\,dx$

▶例題273

548 次の不定積分を求めよ。

(1) $\displaystyle\int (3s^2+2s)\,ds$ (2) $\displaystyle\int (y-2)^2\,dy$ (3) $\displaystyle\int (t+a)(t-a)\,dt$

▶例題272, 273

549 次の条件を満たす関数 $f(x)$ を求めよ。

(1) $f'(x)=6x-2,\ f(0)=1$ *(2) $f'(x)=3x^2-8x,\ f(1)=1$

▶例題274

標 準 問 題

550 次の不定積分を求めよ。

(1) $\displaystyle\int (2x^2+5x+3)\,dx+\int (x^2-5x-2)\,dx$

(2) $\displaystyle\int (x+1)^2\,dx-\int (x-1)^2\,dx$

(3) $\displaystyle\int (x^3+2x^2+2x-3)\,dx-\int x(x+1)^2\,dx$

▶例題273

*   **551** 点 $(-1,\ 3)$ を通る曲線 $y=f(x)$ がある。この曲線上の任意の点 $(x,\ y)$ における接線の傾きが $6x^2-2x+3$ であるとき,この曲線の方程式を求めよ。

▶例題274

552 次の条件を満たす関数 $f(x)$ を求めよ。

(1) $3x-5$ の不定積分のうちで，$x=2$ のとき 4 となる。

(2) $3x^2-2ax+1$ の不定積分のうちで，$x=1$ のとき 3 となり，$x=-2$ のとき 6 となる。

▶例題274

553 次の条件を満たす関数 $f(x)$ を求めよ。

$$f'(x)=ax+b, \quad f(x)=xf'(x)-2x^2+1, \quad f'(1)=0$$

▶例題274

554 関数 $f(x)$ の導関数が x^2-2x+3 で，曲線 $y=f(x)$ と直線 $y=2x-1$ が接するとき，関数 $f(x)$ を求めよ。

▶例題274

555 関数 $f(x)$ の導関数が $(3x+4)(2-x)$ で，極大値が 0 である関数 $f(x)$ を求めよ。

▶例題274

▶▶▶▶▶▶▶▶▶▶▶▶▶▶▶▶▶ |応|用|問|題| ◀◀◀◀◀◀◀◀◀◀◀◀◀◀◀◀◀

556 x の関数 $f(x)$，$g(x)$ は，次の条件を満たしている。

(i) $\dfrac{d}{dx}\{f(x)+g(x)\}=2$ (ii) $\dfrac{d}{dx}\{(f(x))^2+(g(x))^2\}=4x-2$

(iii) $f(0)=1$ (iv) $g(0)=-2$

次の問いに答えよ。

(1) $f(x)+g(x)$ を求めよ。   (2) $f(x)g(x)$ を求めよ。

(3) $f(x)$ および $g(x)$ を求めよ。

▶例題274

557 関数 $f(x)$ の不定積分の 1 つを $F(x)$ とするとき，$3F(x)=xf(x)+f(x)+x$，$f(0)=\dfrac{5}{3}$ を満たす $f(x)$ を求めよ。ただし，$f(x)$ は定数関数でないとする。

(▶例題242, 274)

558 $\displaystyle\int(ax+b)^n dx=\dfrac{1}{a}\cdot\dfrac{(ax+b)^{n+1}}{n+1}+C$ を利用して次の不定積分を求めよ。《数Ⅲ》

(1) $\displaystyle\int(x+3)^2 dx$ (2) $\displaystyle\int(4-3x)^2 dx$

(3) $\displaystyle\int(3x-5)^3 dx$ (4) $\displaystyle\int(x+2)^2(x-1) dx$

▶例題275

≪ヒント≫**556** (i)，(ii)の両辺を積分し，(iii)，(iv)の条件から $f(x)+g(x)$ と $(f(x))^2+(g(x))^2$ を求める。

    557 $f(x)$ の最高次の項を $ax^n \ (a\neq0)$ とすると，左辺の最高次の項は $\dfrac{3a}{n+1}x^{n+1}$ である。また，右辺の最高次の項は ax^{n+1} である。（例題 242 参照）

基本問題

*559 次の定積分を求めよ。

(1) $\displaystyle\int_0^1 (-3)\,dx$ (2) $\displaystyle\int_{-1}^2 2x\,dx$ (3) $\displaystyle\int_{-2}^1 3x^2\,dx$

▶例題276

560 次の定積分を求めよ。

(1) $\displaystyle\int_{-2}^1 (6x-5)\,dx$ (2) $\displaystyle\int_0^1 (3x^2-1)\,dx$

*(3) $\displaystyle\int_1^4 (x-2)(2x+1)\,dx$ (4) $\displaystyle\int_{-3}^2 (x-1)^2\,dx$

(5) $\displaystyle\int_2^1 (6x^2+2x-1)\,dx$ *(6) $\displaystyle\int_{-2}^1 (t+1)(t-3)\,dt$

▶例題276, 277

561 次の定積分を求めよ。

(1) $\displaystyle\int_1^1 (2x^2-5x+3)\,dx$

(2) $\displaystyle\int_1^2 (x^2-3x)\,dx+\int_2^1 (x^2-3x)\,dx$

(3) $\displaystyle\int_0^2 (3x^2+2x-1)\,dx+\int_0^2 (x-3x^2)\,dx$

(4) $\displaystyle\int_1^3 (2x^2-x-2)\,dx+\int_3^1 (x^2-3x-2)\,dx$

(5) $\displaystyle\int_1^2 (x^2-1)\,dx+\int_2^3 (x^2-1)\,dx$

(6) $\displaystyle\int_{-2}^4 (x^2+x)\,dx-\int_1^4 (x^2+x)\,dx$

▶例題277, 278

562 次の式を x の式で表せ。

(1) $\displaystyle\int_0^x (-3t+2)\,dt$ *(2) $\displaystyle\int_{-1}^x (t^2-3)\,dt$

▶例題276

563 次の式を x で微分せよ。

(1) $\displaystyle\int_1^x (-3t+2)\,dt$ (2) $\displaystyle\int_{-2}^x (t-2)(t+1)\,dt$ (3) $\displaystyle\int_x^1 (t^2-7t)\,dt$

▶例題285

564 次の定積分を求めよ。

(1) $\displaystyle\int_{-2}^{\frac{1}{2}}(x^2+1)\,dx$

(2) $\displaystyle\int_{1}^{2}(x^3-2x^2)\,dx+\int_{2}^{1}(x^3-x^2+5)\,dx$

(3) $\displaystyle\int_{1}^{3}(4x^3+2x)\,dx$

(4) $\displaystyle\int_{-1}^{2}(3x^2-4x+1)\,dx+\int_{2}^{3}(3x^2-4x+1)\,dx$

▶例題276, 277, 278

565 次の定積分を求めよ。

(1) $\displaystyle\int_{-2}^{2}x^3\,dx$

(2) $\displaystyle\int_{-3}^{3}(x^2+1)\,dx$

(3) $\displaystyle\int_{-\frac{1}{2}}^{\frac{1}{2}}(5x^3-6x^2+7x+4)\,dx$

(4) $\displaystyle\int_{-1}^{1}(x^2-3)(2x+5)\,dx$

▶例題280

566 次の定積分を求めよ。

*(1) 関数 $f(x)=\begin{cases} x & (x\geqq0) \\ -2x & (x<0) \end{cases}$ に対して $\displaystyle\int_{-2}^{3}f(x)\,dx$

(2) 関数 $f(x)=\begin{cases} x+1 & (x\geqq0) \\ -x^2+1 & (x<0) \end{cases}$ に対して $\displaystyle\int_{-1}^{2}f(x)\,dx$

▶例題282

567 等式 $\displaystyle\int_{\alpha}^{\beta}(x-\alpha)(x-\beta)\,dx=-\frac{1}{6}(\beta-\alpha)^3$ を利用して，次の定積分を求めよ。

*(1) $\displaystyle\int_{2}^{3}(x-2)(x-3)\,dx$

(2) $\displaystyle\int_{-1}^{2}(x^2-x-2)\,dx$

*(3) $\displaystyle\int_{-\frac{3}{2}}^{1}(2x^2+x-3)\,dx$

(4) $\displaystyle\int_{1-\sqrt{3}}^{1+\sqrt{3}}(x^2-2x-2)\,dx$

▶例題281

*568 次の等式を同時に満たす1次関数 $f(x)$ を求めよ。

$$f(1)=0,\quad \int_{1}^{2}(x-1)f(x)\,dx=3$$

▶例題283

*569 2次関数 $f(x)$ が $f(0)=1$ を満たし，任意の1次関数 $g(x)$ に対してつねに

$\displaystyle\int_{0}^{1}f(x)g(x)\,dx=0$ を満たすとき，$f(x)$ を求めよ。

▶例題283

570 3次関数 $f(x)$ が

$$f(0)=1,\quad \int_{-2}^{0}f'(x)\,dx=\frac{2}{3},\quad \int_{-2}^{1}f'(x)\,dx=\frac{3}{2}$$

を満たしているとき，$f(1)$ を求めよ。

▶例題283

571 次の等式を満たす関数 $f(x)$ を求めよ。

*(1) $f(x) = 4x + \displaystyle\int_0^2 f(t)\,dt$ (2) $f(x) = x^3 - \dfrac{1}{4}\displaystyle\int_0^2 f(t)\,dt$

(3) $f(x) = x\displaystyle\int_0^1 f(t)\,dt + 1$

▶例題284

572 次の等式を満たす関数 $f(x)$ を求めよ。

(1) $f(x) = 3x - \displaystyle\int_0^2 f'(t)\,dt$ (2) $f(x) = x^2 - x + \displaystyle\int_0^1 t f'(t)\,dt$

▶例題284

573 次の等式を満たす関数 $f(x)$ と定数 a の値を求めよ。

(1) $\displaystyle\int_a^x f(t)\,dt = x^2 - 2x - 3$ (2) $\displaystyle\int_1^x f(t)\,dt = 2x^2 + 3x + a$

(3) $\displaystyle\int_x^2 f(t)\,dt = x^2 - ax + 4$

▶例題285

*574 $\displaystyle\int_0^1 (2a - 3a^2 x^2)\,dx$ の値の最大値と，そのときの定数 a の値を求めよ。

▶例題287

575 次の関数の極値をとる x の値を求めよ。

(1) $f(x) = \displaystyle\int_1^x (t^2 - 1)\,dt$ (2) $f(x) = x^2 + \displaystyle\int_0^x t(t - 3)\,dt$

▶例題286

576 次の条件を満たす関数 $f(x)$, $g(x)$ と，定数 a, b の値を求めよ。

$$\int_1^x \{2f(t) - g(t)\}\,dt = 3x^2 - 3x + a, \quad \int_1^x \{f(t) + 2g(t)\}\,dt = 5x^3 - x^2 + x + b$$

▶例題285

▶▶▶▶▶▶▶▶▶▶▶▶▶▶▶ |応|用|問|題| ◀◀◀◀◀◀◀◀◀◀◀◀◀◀◀

577 次の等式を満たす関数 $f(x)$ を求めよ。

(1) $f(x) = x^2 + 2x\displaystyle\int_0^1 f(t)\,dt + \displaystyle\int_0^2 f(t)\,dt$ (2) $f(x) = 12x^2 + \displaystyle\int_0^1 (x - t)f(t)\,dt$

▶例題284

578 $f(x) = x^2 + x\displaystyle\int_0^1 t g(t)\,dt$, $g(x) = -x + \displaystyle\int_0^1 f(t)\,dt$ のとき，$f(x)$ と $g(x)$ を求めよ。

▶例題284

579 次の定積分を求めよ。《発展》

(1) $\displaystyle\int_2^3 (2x - 5)^2\,dx$ (2) $\displaystyle\int_{-2}^{-1} (3x + 4)^3\,dx$

▶例題275

基本問題

580 次の曲線と直線および x 軸で囲まれた部分の面積 S を求めよ。

*(1) $y=x^2+3$, $x=1$, $x=2$

*(2) $y=-x^2+9$ $(-2\leqq x\leqq 0)$, $x=-2$, $x=0$

(3) $y=(x-1)^2$, $x=0$, $x=2$

▶例題288

581 次の曲線と x 軸で囲まれた部分の面積 S を求めよ。

(1) $y=-x^2+1$ *(2) $y=-x^2+2x$

▶例題288

582 次の曲線や直線で囲まれた部分の面積 S を求めよ。

(1) $y=x^2-2x$, $y=-2x+1$

*(2) $y=-x^2+3x+4$, $y=2x-2$

(3) $y=x^2-1$, $y=-x^2-2x-1$

*(4) $y=2x^2+2x-3$, $y=-x^2+2x$

▶例題289

583 次の曲線や直線および x 軸で囲まれた部分の面積 S を求めよ。

*(1) $y=x^2-4x$ $(2\leqq x\leqq 3)$, $x=2$, $x=3$

(2) $y=x^2-x-2$

▶例題288

584 次の曲線と直線によって囲まれた2つの部分の面積の和 S を求めよ。

*(1) 2直線 $x=1$, $x=3$ の間で, $y=-(x+1)(x-2)$ と x 軸

(2) 2直線 $x=-1$, $x=2$ の間で, $y=x^3-1$ と x 軸

▶例題290

585 次の定積分を求めよ。

(1) $\displaystyle\int_{-1}^{3}|2x|\,dx$ *(2) $\displaystyle\int_{-2}^{1}|x+1|\,dx$

▶例題296

586 次の定積分を求めよ。

*(1) $\displaystyle\int_{1}^{3}|x^2-4|\,dx$ (2) $\displaystyle\int_{0}^{3}|2x^2-5x+2|\,dx$

▶例題296

587 次の曲線や直線によって囲まれた部分の面積 S を求めよ。

(1) $y=x^2+x-1$, $y=1$ (2) $y=2x^2-4x+1$, $y=x^2-x-1$

(3) $y=x^2-4x+1$, x 軸   (4) $y=x^2-3x-2$, $y=-x^2+2x+1$

▶例題289

588 点 $(1, -3)$ から，放物線 $y=x^2$ に 2 本の接線を引き，その接点をそれぞれ A，B とする。次の問いに答えよ。

(1) 2 本の接線の方程式を求めよ。

(2) 2 本の接線と放物線で囲まれた部分の面積 S を求めよ。

(3) 線分 AB と放物線で囲まれた部分の面積を T とするとき，$S : T$ を求めよ。

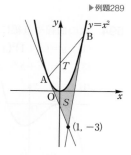

▶例題291

589 $a>0$ とするとき，次の定積分を求めよ。

(1) $\displaystyle\int_0^a |x-2|\,dx$ (2) $\displaystyle\int_0^3 |x-a|\,dx$

▶例題297, 298

590 放物線 $y=x^2$ と直線 $y=ax$ $(a>0)$ によって，囲まれた部分の面積が 8 であるとき，定数 a の値を求めよ。

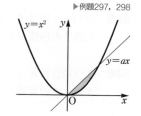

▶例題289, 293

*591 放物線 $y=6x-x^2$ と x 軸によって囲まれた部分の面積 S を，直線 $y=ax$ が 2 等分するとき，定数 a の値を求めよ。

▶例題293

*592 放物線 $y=x^2$ と点 A$(2, 6)$ を通る直線とで囲まれた部分の面積 S の最小値を求めよ。

▶例題295

593 曲線 $y=x^2+1$ 上の任意の点における接線と，曲線 $y=x^2$ で囲まれた図形の面積は一定であることを示せ。

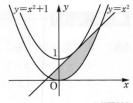

▶例題289

594 次の曲線や直線によって囲まれた部分の面積 S を求めよ。

(1) $y=(x+1)^2(x-1)$, x 軸　　(2) $y=x(x+2)(x-2)$, x 軸

(3) $y=x^3+x^2-x$, $y=x^2$

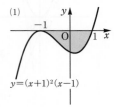
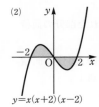
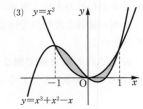

▶例題289，290

▶▶▶▶▶▶▶▶▶▶▶▶▶▶▶▶ |応|用|問|題| ◀◀◀◀◀◀◀◀◀◀◀◀◀◀◀◀

595 点 $(1, -2)$ から，曲線 $y=2x^3-12x$ へ引いた接線と，この曲線によって囲まれた部分の面積 S を求めよ。

▶例題291

596 2つの放物線 $y=x^2$ …①，$y=x^2-6x+3$ …② に共通な接線の方程式を求めよ。また，この接線と2つの放物線で囲まれた部分の面積 S を求めよ。

▶例題292

597 次の2つの関数のグラフで囲まれた図形の面積 S を求めよ。

(1) $y=x^2$, $y=2-|x|$　　　　(2) $y=x$, $y=|x^2-4x|$

(3) $y=x+4$, $y=|x^2-2x|$

▶例題299

598 曲線 $y=x^3-(a+2)x^2+2ax$ と x 軸で囲まれた2つの図形の面積が等しくなるように定数 a の値を定めよ。ただし，$0<a<2$ とする。

▶例題294

599 t は実数とする。$f(x)=x|x-t|$ について，次の問いに答えよ。

(1) $S(t)=\displaystyle\int_0^1 f(x)\,dx$ を求めよ。

(2) (1)で求めた $S(t)$ の最小値を求めよ。

▶例題298

600 a を実数とし，$S(a)=\displaystyle\int_a^{a+1}|2x-4|\,dx$ とおく。

(1) $S(a)$ を求めよ。

(2) $S(a)$ の最小値とそのときの a の値を求めよ。

▶例題297

601 放物線 $y=x^2$ 上の点 P(a, a^2) における接線を l とする。次の問いに答えよ。ただし，$a>0$ とする。

(1) P を通り l と直交する直線 m の式を求めよ。

(2) 放物線 $y=x^2$ と直線 m とで囲まれた図形の面積を最小にする a の値を求めよ。

▶例題295

602 a を実数として，2 つの放物線 $C_1:y=x^2$，$C_2:y=-(x-a)^2+1$ を考える。次の問いに答えよ。

(1) 放物線 C_1 と C_2 が共有点をもつような a の値の範囲を求めよ。

(2) a が(1)で求めた範囲にあるとき，C_1 と C_2 によって囲まれる図形の面積 $S(a)$ を求めよ。

(3) a が(1)で求めた範囲を動くとき，面積 $S(a)$ の最大値を求めよ。

(▶例題295)

≪**ヒント**≫598 $y=x(x-a)(x-2)$ より

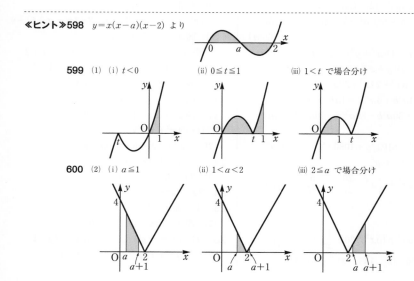

599 (1) (i) $t<0$ (ii) $0\leqq t\leqq 1$ (iii) $1<t$ で場合分け

600 (2) (i) $a\leqq 1$ (ii) $1<a<2$ (iii) $2\leqq a$ で場合分け

こたえ

1 (1) $a^3+6a^2+12a+8$

    (2) $x^3+9x^2y+27xy^2+27y^3$

    (3) $8a^3-12a^2+6a-1$

    (4) $-8x^3+36x^2y-54xy^2+27y^3$

2 (1) a^3+64 (2) $27x^3-1$

    (3) $8a^3+27b^3$ (4) $64x^3-125y^3$

3 (1) $(a+2)(a^2-2a+4)$

    (2) $(x-4)(x^2+4x+16)$

    (3) $(3a+1)(9a^2-3a+1)$

    (4) $(2x-3y)(4x^2+6xy+9y^2)$

4 (1) $(x+2)^3$ (2) $(2x-1)^3$

5 (1) $x^6-12x^4y^2+48x^2y^4-64y^6$

    (2) a^6-729 (3) $x^3+9x+\dfrac{27}{x}+\dfrac{27}{x^3}$

    (4) $a^3-\dfrac{1}{a^3}$

6 (1) $2ab(a+2b)(a^2-2ab+4b^2)$

    (2) $(x-6)(x^2+12)$

    (3) $(x+y)(x-2y)(x^2-xy+y^2)$
                            $(x^2+2xy+4y^2)$

    (4) $(a+b)(a-b)(a^2+ab+b^2)$
                            (a^2-ab+b^2)

7 (1) $(x+4y)^3$ (2) $(3a-2b)^3$

8 (1) $(a+b+2c)(a^2+b^2+4c^2-ab-2bc$
                                $-2ca)$

    (2) $(x+y+1)(x^2+y^2-xy-x-y+1)$

    (3) $3(x+y)(y+z)(z+x)$

9 (1) $x^4+8x^3+24x^2+32x+16$

    (2) $a^4-4a^3b+6a^2b^2-4ab^3+b^4$

    (3) $32a^5+80a^4b+80a^3b^2+40a^2b^3+10ab^4$
        $+b^5$

    (4) $243x^5-810x^4y+1080x^3y^2-720x^2y^3$
        $+240xy^4-32y^5$

    (5) $x^6-2x^5+\dfrac{5}{3}x^4-\dfrac{20}{27}x^3+\dfrac{5}{27}x^2-\dfrac{2}{81}x$

        $+\dfrac{1}{729}$

    (6) $x^6+6x^4+15x^2+20+\dfrac{15}{x^2}+\dfrac{6}{x^4}+\dfrac{1}{x^6}$

10 (1) 160 (2) 135 (3) -15120

11 (1) 60 (2) -336

12 (1) 160 (2) 96 (3) 84 (4) 15

13 (1) -56 (2) -145

14 略

15 (1) 1 (2) 1

16 略

17 (1) 商 $x+4$, 余り 0

    (2) 商 $x+2$, 余り -9

    (3) 商 $-2x+1$, 余り 4

    (4) 商 a^2+a-4, 余り 2

18 (1) 商 $3x+2$, 余り $-7x-11$

    (2) 商 $2x^2+x+3$, 余り 0

    (3) 商 $\dfrac{1}{2}x+1$, 余り $-2x-5$

    (4) 商 $-x^2+x-\dfrac{1}{2}$, 余り $\dfrac{3}{2}$

19 (1) 商 x^3-x^2-x+1, 余り 2

    (2) 商 x^2+x+1, 余り 0

    (3) 商 x^2-2x+5, 余り $-12x+9$

    (4) 商 $x+1$, 余り 0

20 (1) 商 $2x-1$, 余り 3
      $2x^2+9x-2=(x+5)(2x-1)+3$

    (2) 商 $3x^2+x+6$, 余り 9
      $3x^3-5x^2+4x-3=(x-2)(3x^2+x+6)+9$

    (3) 商 $x+3$, 余り $-x+2$
      $x^3-8x+8=(x^2-3x+2)(x+3)-x+2$

21 (1) 商 $x+a-3$, 余り a^2-3a+1

    (2) 商 $x+a-1$, 余り $-a+4$

    (3) 商 $x+a$, 余り $x+a-1$

    (4) 商 $x^2+ax-4a^2$, 余り 0

22 (1) $4x^3+x+5$

    (2) $-x^4+2x^3+6x^2-5x-8$

23 (1) $x-3$ (2) $x+2$

    (3) $2x-3$, $-2x+3$

24 $2x^3-x^2-5x+9$

25 (1) 商 $x+2y$, 余り 0

    (2) 商 x^2-xy+y^2, 余り 0

26 (1) 商 $x-5y+1$, 余り $18y^2+3y-1$

    (2) 商 $y-x+2$, 余り $2x^2-x-1$

27 -6

28 (1) 0 (2) $2\sqrt{5}$

29 (1) $\dfrac{3x^2}{y}$ (2) $-\dfrac{3a^2c^2}{8b}$ (3) $\dfrac{xy+2}{8}$

(4) $\dfrac{x-4}{x-3}$ (5) $\dfrac{1}{a-b}$ (6) $\dfrac{3x+2y}{5x+2y}$

30 (1) $\dfrac{27a^2}{4y}$ (2) $-\dfrac{8a^2xy^2}{b}$ (3) $\dfrac{1}{x-2}$

(4) $\dfrac{a(a-1)}{a+1}$ (5) $\dfrac{1}{(x-1)(x-2)}$

(6) $\dfrac{x}{x+3}$

31 (1) $\dfrac{3}{x}$ (2) $-\dfrac{3a}{10x}$ (3) $\dfrac{a+b+c}{abc}$

(4) $\dfrac{ab+bc+ca}{abcx}$

32 (1) $x+1$ (2) 2 (3) $-\dfrac{2}{(x-3)(x-5)}$

(4) $\dfrac{x+4}{4x}$ (5) $\dfrac{x-1}{x(x+4)}$

(6) $\dfrac{4x}{(x+3)(x-4)(x+5)}$

33 (1) $\dfrac{4}{x+1}$ (2) $\dfrac{2(ab+bc+ca)}{(a+b)(b+c)(c+a)}$

(3) $\dfrac{8x^7}{x^8-y^8}$ (4) $\dfrac{8(x^2+6x+6)}{x(x+2)(x+4)(x+6)}$

34 (1) $\dfrac{x}{x-3}$ (2) $\dfrac{x+2}{x}$

(3) $\dfrac{1}{x+1}$ (4) x

35 (1) $\dfrac{4}{x(x+4)}$ (2) $\dfrac{8x-25}{(x-2)(x-3)}$

36 $\dfrac{6(2x+7)}{(x+1)(x+3)(x+4)(x+6)}$

37 x^2

38 (1) 0 (2) 0 (3) 1

39 (1) $\sqrt{7}$ (2) $4\sqrt{7}$ (3) $6\sqrt{3}$

40 (1) $4\sqrt{2}\,i$ (2) $\dfrac{4}{5}i$ (3) $\pm 2\sqrt{3}\,i$

41 (1) 実部 3，虚部 4，共役複素数 $3-4i$
(2) 実部 0，虚部 -1，共役複素数 i
(3) 実部 2，虚部 0，共役複素数 2
(4) 実部 $\dfrac{1}{2}$，虚部 $\dfrac{3}{2}$，共役複素数 $\dfrac{1}{2}-\dfrac{3}{2}i$

42 (1) $1+5i$ (2) -2 (3) $-5+12i$
(4) 25 (5) $7+17i$ (6) $10+21i$

43 (1) $-\dfrac{2}{3}i$ (2) $\dfrac{6-3i}{5}$ (3) $-1-\sqrt{3}\,i$

(4) $\dfrac{2-\sqrt{5}\,i}{3}$ (5) $-1+\dfrac{4}{5}i$ (6) $3+2i$

44 (1) $x=\dfrac{1}{2}$, $y=3$ (2) $x=\dfrac{5}{4}$, $y=\dfrac{5}{2}$

(3) $x=6$, $y=8$ (4) $x=-2$, $y=-1$

45 (1) $-3\sqrt{2}$ (2) $\sqrt{6}$ (3) $-\dfrac{\sqrt{5}}{2}i$

(4) $-\dfrac{\sqrt{2}}{2}i$

46 (ア), (エ)

47 (1) $18-26i$ (2) $-27-8i$
(3) $-6+17i$ (4) 0 (5) $-3-i$

48 (1) $x=1$, $y=-3$ (2) $x=1$, $y=0$
(3) $x=1$, $y=2$

49 $x=3$, $y=-4$

50 (1) $\dfrac{3}{2}$ (2) $\dfrac{13}{16}$ (3) $\dfrac{10}{13}$

51 純虚数：$a=-1$ のとき $-\dfrac{2}{5}i$

実数：$a=1$ のとき $\dfrac{2}{5}$

52 $z=\dfrac{3}{\sqrt{2}}-\dfrac{1}{\sqrt{2}}i$, $-\dfrac{3}{\sqrt{2}}+\dfrac{1}{\sqrt{2}}i$

53 -1 **54** 略

55 (1) $x=2$, -5 (2) $x=3$, $-\dfrac{1}{3}$

(3) $x=\dfrac{5}{2}$ (4) $x=5$, $-\dfrac{3}{2}$

(5) $x=\dfrac{1\pm\sqrt{5}\,i}{3}$ (6) $x=\dfrac{-2\pm\sqrt{22}}{6}$

(7) $x=\dfrac{5\pm\sqrt{7}\,i}{4}$ (8) $x=5\pm 2i$

56 (1) 異なる2つの実数解
(2) 異なる2つの虚数解 (3) 重解
(4) 異なる2つの実数解

57 $k=2$ のとき $x=-1$，$k=5$ のとき $x=2$

58 (1) 和 -3，積 -2 (2) 和 4，積 0

(3) 和 $\dfrac{1}{2}$，積 $\dfrac{5}{2}$

59 (1) 2 (2) -6 (3) $\dfrac{2}{5}$ (4) -22

60 (1) $x=\sqrt{2}$, $2\sqrt{2}$ (2) $x=\dfrac{1}{\sqrt{3}}$, -1

(3) $x=-\dfrac{\sqrt{3}}{2},\ \dfrac{1-\sqrt{3}}{2}$

(4) $x=-3+\sqrt{3}+\sqrt{2},\ -3-\sqrt{3}-\sqrt{2}$

61 (1) $a>-\dfrac{9}{8}$ のとき異なる2つの実数解

$a=-\dfrac{9}{8}$ のとき重解

$a<-\dfrac{9}{8}$ のとき異なる2つの虚数解

(2) $a<2,\ 3<a$ のとき異なる2つの実数解

$a=2,\ 3$ のとき重解

$2<a<3$ のとき異なる2つの虚数解

(3) $a\neq\dfrac{1}{2}$ のとき異なる2つの実数解

$a=\dfrac{1}{2}$ のとき重解

62 略

63 $-2<k<-1,\ \dfrac{1}{3}<k<2$

64 $k=0,\ \dfrac{9\pm\sqrt{17}}{2}$

65 $k<-6,\ 2<k<3,\ 3<k$ のとき異なる2つの実数解

$k=-6,\ 2$ のとき重解

$k=3$ のとき1つの実数解

$-6<k<2$ のとき異なる2つの虚数解

66 (1) $\dfrac{9}{2}$ (2) $-\dfrac{7}{4}$ (3) $-\dfrac{7}{8}$

(4) $-\dfrac{13}{6}$ (5) $-\dfrac{79}{16}$ (6) $\pm\dfrac{\sqrt{23}\,i}{2}$

67 $a=-1,\ 6$

68 (1) $p=1$, 2つの解は $-\dfrac{1}{2},\ -1$

(2) $p=-1$ のとき $x=0,\ -1$

$p=-3$ のとき $x=-1,\ -2$

(3) $p=27$ のとき $x=3,\ 9$

$p=-64$ のとき $x=-4,\ 16$

69 $k\leqq-1$

70 (1) $(x+\sqrt{3})(x-\sqrt{3})$

(2) $(x+i)(x-i)$

(3) $(x-1-\sqrt{3}\,i)(x-1+\sqrt{3}\,i)$

71 (1) $x^2-5x+6=0$ (2) $x^2-4x+1=0$

(3) $x^2-x+\dfrac{5}{2}=0$

72 (1) $4,\ -3$ (2) $1-2\sqrt{2},\ 1+2\sqrt{2}$

(3) $\dfrac{3-\sqrt{3}\,i}{2},\ \dfrac{3+\sqrt{3}\,i}{2}$

73 (1) $x^2-5=0$ (2) $x^2-12x+16=0$

(3) $x^2-14x+29=0$

74 $a=-4,\ b=10$

75 $x^2+\dfrac{a}{b}x+\dfrac{1}{b}=0\quad(bx^2+ax+1=0)$

76 $3x^2-14x+16=0$

77 $(p,\ q)=(2,\ 9),\ (-2,\ 9)$

78 (1)① $(x^2-5)(x^2+8)$

② $(x+\sqrt{5})(x-\sqrt{5})(x^2+8)$

③ $(x+\sqrt{5})(x-\sqrt{5})(x+2\sqrt{2}\,i)$
$(x-2\sqrt{2}\,i)$

(2)① $(x^2-2)(2x^2+9)$

② $(x+\sqrt{2})(x-\sqrt{2})(2x^2+9)$

③ $(x+\sqrt{2})(x-\sqrt{2})(\sqrt{2}\,x+3i)$
$(\sqrt{2}\,x-3i)$

79 $(x,\ y)=\left(\dfrac{3+i}{2},\ \dfrac{3-i}{2}\right),\ \left(\dfrac{3-i}{2},\ \dfrac{3+i}{2}\right)$

80 $k=-\dfrac{3}{4}$ のとき, $\left(x-\dfrac{3}{2}\right)^2$

$k=2$ のとき, $(x+4)^2$

81 (1) $k>-2$ (2) $k<-6$

82 (1) 略 (2) i

83 $x=-3$

84 $k=-\dfrac{1}{4}$ のとき共通解 $x=2$

$k=-\dfrac{1}{2}$ のとき共通解 $x=\dfrac{1\pm\sqrt{13}}{2}$

85 $k=-8$ のとき 整数解は $-7,\ -2$

$k=-6$ のとき 整数解は $-4,\ -3$

$k=6$ のとき 整数解は $0,\ 5$

$k=4$ のとき 整数解は $1,\ 2$

86 (1) $\dfrac{5}{3}<m\leqq\sqrt{3}$ (2) $-\sqrt{3}\leqq m<-1$

(3) $-1<m<\dfrac{5}{3}$

87 (1) 11 (2) 11

88 (1) 1 (2) -1 (3) 3 (4) -7

(5) -4 (6) 3

89 (1) $a=6$ (2) $a=1$ (3) $a=2$

90 (1) $a=2,\ b=-6$ (2) $a=2,\ b=2$

91 (1) $(x-1)(x+2)(x-4)$

(2) $(x+1)(x^2-4x+5)$

(3) $(x-2)(x+3)(x-3)$

(4) $(x-2)(x+2)(x-6)$

(5) $(x-1)(x+1)(2x+1)$

(6) $(x+2)^2(2x-1)$

92 (1) $(x+1)(x-2)(x+2)(x+3)$

(2) $(x-2)(x+2)(x+3)(x-4)$

(3) $(2x-1)(x^2+3x+3)$

(4) $(x+1)(2x+3)(x^2-2x+4)$

93 $a=-3$, $b=-8$

94 $a=2$, $b=7$, $c=0$

95 $x+3$ で割ったときの余り -1

$x-2$ で割ったときの余り 9

96 (1) $2x+2$ (2) $3x^2-4x+1$

97 $-2x+4$

98 $2x+9$

99 $a=-3$, $b=2$

100 $2x^2+2x+5$

101 $4x+5$

102 (1) $x=0$, -1, 4 (2) $x=3$

(3) $x=\dfrac{3}{2}$, $\dfrac{-3\pm3\sqrt{3}\,i}{4}$

(4) $x=-4$, $2\pm2\sqrt{3}\,i$

(5) $x=\pm2$, $\pm2i$

103 (1) $x=1$, 2, 3 (2) $x=-2$, 3

(3) $x=2$, $\dfrac{-5\pm\sqrt{13}}{2}$ (4) $x=4$, $\pm\sqrt{3}\,i$

104 (1) $a=5$ 他の解は $x=\dfrac{1\pm\sqrt{11}\,i}{2}$

(2) $a=-5$, $b=8$ 他の解は $x=4$

105 (1) $x=\pm\sqrt{2}\,i$, $\pm\sqrt{3}$

(2) $x=-1\pm i$, $-1\pm\sqrt{6}$

(3) $x=\dfrac{-5\pm\sqrt{13}}{2}$, $\dfrac{-5\pm\sqrt{3}\,i}{2}$

(4) $x=\dfrac{-1\pm\sqrt{3}\,i}{2}$, $\dfrac{1\pm\sqrt{3}\,i}{2}$

106 (1) $x=\pm1$, 2, -3

(2) $x=-1$, 2, -3

(3) $x=-1$, 3, $\dfrac{1}{2}$

(4) $x=\pm\dfrac{1}{2}$, $\dfrac{-1\pm\sqrt{5}}{2}$

107 (1) 0 (2) -3 (3) 4

108 $a=-3$, $b=7$ 他の解は $x=1$, $1-2i$

109 (1) $a=2$ (2) $a=-4$

110 (1) $(x-2)(x^2-ax+1)$

(2) $a=\pm2$, $\dfrac{5}{2}$

111 (1) $(x+1)(x^2-2ax+3)$

(2) $a<-2$, $-2<a<-\sqrt{3}$, $\sqrt{3}<a$ のとき 3 つの異なる実数解

$a=\pm\sqrt{3}$, -2 のとき，2 つの異なる実数解（重解含む）

$-\sqrt{3}<a<\sqrt{3}$ のとき，1 つの実数解

112 (1) $\dfrac{3}{5}$ (2) -2 (3) 5

113 $p=-5$, $q=4$, $r=6$

114 -1

115 $a=0$, $b=-8$, $c=-3$ 他の解は $x=3$

116 (1) 略 (2) $t^2-2t-3=0$

(3) $x=\dfrac{-1\pm\sqrt{3}\,i}{2}$, $\dfrac{3\pm\sqrt{5}}{2}$

117 (イ), (ウ), (オ)

118 (1) $a=2$, $b=6$

(2) $a=2$, $b=-3$, $c=1$

(3) $a=1$, $b=-2$, $c=-3$, $d=6$

(4) $a=-5$, $b=-1$, $c=2$, $d=-3$

119 (1) $a=2$, $b=2$, $c=-3$

(2) $a=-4$, $b=3$, $c=1$

(3) $a=3$, $b=3$, $c=1$

(4) $a=3$, $b=-4$, $c=5$

120 (1) $a=1$, $b=1$ (2) $a=-3$, $b=2$

(3) $a=2$, $b=-1$, $c=6$

121 (1) $a=-2$, $b=-1$ (2) $a=-3$, $b=5$

122 (1) $a=\dfrac{1}{3}$, $b=-\dfrac{1}{3}$, $c=-\dfrac{2}{3}$

(2) $a=1$, $b=-1$, $c=1$

(3) $a=\dfrac{1}{4}$, $b=-\dfrac{3}{8}$, $c=\dfrac{1}{8}$

123 (1) $x=-1$, $y=-3$

(2) $x=-1$, $y=-4$

124 (1) $a=5$, $b=4$

(2) $a=5$, $b=4$ または $a=10$, $b=-1$

125 (1) $a=2$, $b=-1$, $c=8$

(2) $a=1$, $b=-4$, $c=-4$

126 $a=\dfrac{2}{9}$, $b=\dfrac{4}{9}$, $c=\dfrac{2}{9}$

127 $a=2$, $b=3$, $c=-1$, $d=4$

128 $a=4$, $b=1$

129〜131 略

132 $\dfrac{18}{13}$

133〜135 略

136 略

137 $\dfrac{7}{13}$

138 略

139 (1) $3:4:5$　(2) $\dfrac{7}{24}$

140 (1) $\dfrac{1}{2}$, -3　(2) -3, $\dfrac{1}{2}$

　　(3) $\dfrac{4}{5}$, $-\dfrac{3}{5}$

141 略

142 略

143 略

144 $a=b=c$ のとき 1,
　　$a+b+c=0$ のとき -2

145 略

146 略

147 証明は略
　(1) 等号成立は $x=2$ のとき
　(2) 等号成立は $a=b$ のとき

148 略

149 証明は略
　(1) 等号成立は $x=1$, $y=-1$ のとき
　(2) 等号成立は $x=y=0$ のとき
　(3) 等号成立は $x=-4$, $y=2$ のとき

150 証明は略,
　　　等号成立は, $a:b:c=x:y:z$ のとき

151 $\dfrac{2a+3b}{a+b}$, 3, $\dfrac{3a-2b}{a-b}$

152 証明は略, 等号成立は, $a=b$ のとき

153 証明は略
　(1) 等号成立は $a=\dfrac{\sqrt{3}}{3}$, $b=\dfrac{\sqrt{3}}{6}$ のとき
　(2) 等号成立は $a=2b$ のとき

154 $10+4\sqrt{6}$

155 $x=4$ のとき最小値 1

156 証明は略
　(1) 等号成立は $x=1$, $y=3$ のとき
　(2) 等号成立は $x=2$, $y=1$ のとき

157 $x=\pm\sqrt{2}$, $y=\pm\dfrac{\sqrt{2}}{2}$ のとき xy の最大値 1, $x=\pm\sqrt{2}$, $y=\mp\dfrac{\sqrt{2}}{2}$ のとき xy の最小値 -1　　　　（複号同順）

158 略

159 証明は略
　(1) 等号成立は, $xy\geqq 0$ のとき
　(2) 等号成立は, $0\leqq y\leqq x$ または
　　　$x\leqq y\leqq 0$ のとき

160 (1) 4　(2) 7　(3) $5|a|$

161 (1) 2　(2) $\dfrac{18}{7}$　(3) 30　(4) 1
　(5) -14

162 (1) 5　(2) 13　(3) 10　(4) $\sqrt{26}$
　(5) 4　(6) $\dfrac{5\sqrt{2}}{6}$

163 (1) $(2, 5)$　(2) $(4, -2)$
　(3) $(0, -7)$

164 (1) $\angle$A が $90°$ の直角二等辺三角形
　(2) AB$=$CA の二等辺三角形

165 C$(1, -4)$

166 (1) $(3, 3)$　(2) $(3, 1)$

167 Q$(-7, 6)$

168 $(-7, 1)$, $(3, -5)$, $(9, 5)$

169 (1) $(5, 0)$　(2) $(-5, -6)$

170 (1) x 軸上の点は $(5, 0)$,
　　　y 軸上の点は $(0, -10)$
　(2) R$\left(\dfrac{5}{2}, \dfrac{5}{2}\right)$

171 C$\left(\dfrac{16}{5}, \dfrac{32}{5}\right)$, $(1, 2)$

172 A$(5, 6)$, B$(1, 2)$, C$(7, -4)$

173 略

174 BC の中点, または, 点 A から辺 BC に引いた垂線との交点

175 略

176 (1) $y=3x+5$　(2) $y=-2x+6$
　(3) $y=-1$　(4) $x=2$

177 (1) $y=-\dfrac{1}{3}x+3$　(2) $y=9x-10$
　(3) $y=6$　(4) $x=5$　(5) $y=-x-1$
　(6) $y=\dfrac{1}{3}x+1$

178 (1) 平行：$y=-3x+5$　$(3x+y-5=0)$

　　　垂直：$y=\dfrac{1}{3}x+\dfrac{5}{3}$　$(x-3y+5=0)$

　(2) 平行：$y=\dfrac{3}{2}x-7$　$(3x-2y-14=0)$

　　　垂直：$y=-\dfrac{2}{3}x-\dfrac{8}{3}$　$(2x+3y+8=0)$

　(3) 平行：$y=-\dfrac{1}{2}x+\dfrac{5}{2}$　$(x+2y-5=0)$

　　　垂直：$y=2x+5$　$(2x-y+5=0)$

179 (1) $y=\dfrac{1}{2}x+5$　$(x-2y+10=0)$

　(2) $y=-\dfrac{1}{3}x+3$　$(x+3y-9=0)$

180 (1) $(-4,\ 3)$　(2) $\left(\dfrac{16}{5},\ -\dfrac{27}{5}\right)$

181 (1) 4　(2) $2\sqrt{5}$　(3) $\dfrac{11}{5}$　(4) 5

182 (1) $a=7$　(2) $a=-\dfrac{1}{2},\ 3$

183 (1) $a=2$　(2) $a=-\dfrac{5}{2},\ 1$

184 $a=-2,\ -\dfrac{1}{2},\ \dfrac{1}{3}$

185 (1) $k=-3,\ 2$　(2) $k=-4,\ 2$
　(3) $k=2$

186 (1) $\dfrac{3\sqrt{2}}{2}$　(2) $\dfrac{28\sqrt{5}}{15}$

187 (1) 辺 OA $x=\dfrac{7}{2}$,

　　辺 OB $y=-\dfrac{3}{4}x+\dfrac{25}{8}$,　辺 AB $y=x-3$

　(2) 証明は略,　$\left(\dfrac{7}{2},\ \dfrac{1}{2}\right)$

188 (1) $y=-\dfrac{1}{2}x+\dfrac{11}{2}$　(2) $\left(\dfrac{11}{3},\ \dfrac{11}{3}\right)$

189 $a=1,\ b=2$

190 証明は略

　(1) 定点 $(1,\ 1)$　(2) 定点 $\left(\dfrac{1}{3},\ 0\right)$

　(3) 定点 $(5,\ 4)$

191 (1) $x+2y-4=0$　(2) $x-y-1=0$
　(3) $x-2y=0$

192 $a=1$

193 $3x-4y+10=0$,　$3x+4y+2=0$

194 x 切片 2, y 切片 6

195 $C(2\sqrt{3},\ -\sqrt{3})$

196 (1) 2直線 $x=2$, $x-2y+4=0$
　(2) 2直線 $y=x$, $3x+y+1=0$

197 (1) $\dfrac{5}{2}$　(2) $\dfrac{27}{2}$

198 $a=-2$, $x-y+2=0$, $2x+y-1=0$

199 (1) $a=\dfrac{1}{3}$　(2) $b=2\sqrt{2}$

200 $P(1,\ 3)$ のとき最小値 $\sqrt{5}$

201 (1) $A'(-5,\ 5)$
　(2) $P(3,\ 9)$ のとき最小値 $5\sqrt{5}$

202 (1) $(3,\ 4)$　(2) $k\leqq-4,\ -1\leqq k$

203 (1) $(x-1)^2+(y+2)^2=9$
　(2) $x^2+y^2=13$　(3) $(x-5)^2+(y-2)^2=10$
　(4) $(x+3)^2+(y-4)^2=16$
　(5) $(x-1)^2+(y-2)^2=25$

204 図は略
　(1) 中心 $(-1,\ 2)$, 半径 2
　(2) 中心 $(0,\ 3)$, 半径 3

　(3) 中心 $\left(\dfrac{3}{2},\ -\dfrac{1}{2}\right)$, 半径 $\dfrac{\sqrt{10}}{2}$

　(4) 中心 $(3,\ -1)$, 半径 $\dfrac{5}{2}$

205 (1) $x^2+y^2-6x-16=0$
　(2) $x^2+y^2+2x-4y-20=0$

206 $a>-\dfrac{13}{2}$

207 $a=-1,\ -2$

208 (1) $(x-4)^2+(y-2)^2=5$
　(2) $(x-1)^2+(y-1)^2=1$
　　または $(x-5)^2+(y-5)^2=25$
　(3) $(x-4)^2+y^2=26$
　(4) $(x-3)^2+(y-4)^2=25$
　　または $(x-3)^2+(y+4)^2=25$

209 $(x+6)^2+(y-5)^2=65$

210 (1) $(x+1)^2+(y-2)^2=16$
　(2) $(x-2)^2+(y-2)^2=4$
　　または $(x-4)^2+(y-4)^2=16$

211 $-4<k<2$, 中心 $(-1,\ 2)$, 半径 3

212 $(x-\sqrt{ab})^2+\left(y-\dfrac{a+b}{2}\right)^2=\left(\dfrac{a+b}{2}\right)^2$

213 $x^2+y^2-2x-2y-23=0$

214 $(x-1)^2+(y-3)^2=5$

215 (1) $(x-3)^2+(y-2)^2=10$

(2)　$(x-1)^2+(y+2)^2=10$

(3)　$2\sqrt{5}+2\sqrt{10}$

216　(1)　$(0,\ 1),\ (1,\ 0)$

(2)　$\left(-\dfrac{7}{5},\ \dfrac{4}{5}\right),\ (1,\ 2)$　(3)　$(2,\ -1)$

(4)　共有点なし

217　(1)　$2x+y=5$　(2)　$y=2$

(3)　$-2\sqrt{2}\,x+y=9$　(4)　$x=-\sqrt{7}$

218　$c=\pm 2\sqrt{10}$

219　(1)　$y=x\pm\sqrt{2}$　(2)　$y=\pm\sqrt{3}\,x+2$

220　(1)　$3x-4y=25,\ 4x+3y=25$

(2)　$x=2,\ 3x+4y=-10$

221　(1)　$y=\dfrac{4}{3}x-\dfrac{7}{3}\ (4x-3y-7=0)$

(2)　$3x-4y-8=0,\ 4x+3y-19=0$

222　(1)　$\dfrac{14\sqrt{5}}{5}$　(2)　$m=\pm 3\sqrt{2}$

223　$2\sqrt{2}$

224　$\sqrt{15}$

225　(1)　$m=\dfrac{1}{2}$ のとき，接点 $(1,\ -2)$

$m=-\dfrac{1}{2}$ のとき，接点 $(1,\ 2)$

(2)　$-\dfrac{1}{2}<m<\dfrac{1}{2}$

226　(1)　$-2<a<2$ のとき，2 個

$a=\pm 2$ のとき，1 個

$a<-2,\ 2<a$ のとき，0 個

(2)　$a<-\sqrt{3}$，$\sqrt{3}<a$ のとき 2 個

$a=\pm\sqrt{3}$ のとき 1 個

$-\sqrt{3}<a<\sqrt{3}$ のとき 0 個

227　$x^2+y^2+4x-6y=0$

228　(1)　$b=3$

(2)　$(-2+3\sqrt{2},\ 3),\ (-2-3\sqrt{2},\ 3)$

229　(1)　中心 $(2,\ 1)$，半径 a

(2)　$\sqrt{2}\leqq a\leqq 2\sqrt{5}$

230　(1)　$(1,\ 1),\ (-3,\ 9)$

(2)　$(0,\ 1),\ \left(\dfrac{5}{3},\ \dfrac{8}{3}\right)$　(3)　共有点はない

(4)　$\left(\dfrac{1}{2},\ \dfrac{5}{2}\right)$

231　(1)　$k<-\dfrac{3}{4}$　(2)　$k=2$　(3)　$k>\dfrac{5}{4}$

232　(1)　$a>-1$ のとき 2 個

$a=-1$ のとき 1 個

$a<-1$ のとき 0 個

(2)　$a<-3,\ 1<a$ のとき 2 個

$a=-3,\ 1$ のとき 1 個

$-3<a<1$ のとき 0 個

(3)　a の値にかかわらず共有点の個数は 2 個

233　(1)　$a=24$　(2)　$y=2x,\ y=-2x$

234　$y=-x^2+4x+2$

235　$P\left(-\dfrac{1}{2},\ \dfrac{15}{4}\right)$

236　$\dfrac{3}{2}<a<\dfrac{7}{3}$

237　$a\geqq\dfrac{1}{2}$ のとき $\sqrt{a-\dfrac{1}{4}}$,

$a<\dfrac{1}{2}$ のとき $|a|$

238　(1)　接線が $y=-2x-1$ のとき，接点は $(-1,\ 1)$,

接線が $y=6x-9$ のとき，接点は $(3,\ 9)$

(2)　16

239　(1)　$d(t)=\dfrac{1}{\sqrt{5}}(t^2-2t+8)$,

$t=1$ のとき，最小値 $\dfrac{7\sqrt{5}}{5}$

(2)　$\dfrac{7}{2}$

240　(1)　$y=ax-\dfrac{a^2}{4}$　(2)　$\dfrac{a^2}{4\sqrt{a^2+1}}$

(3)　$a=2$

241　$(0,\ 3),\ (-3,\ 0)$

242　(1)　外接する。　(2)　離れている。

243　(1)　$2<k<8$　(2)　$2\sqrt{6}<k<4\sqrt{3}$

244　$(x+2)^2+(y-5)^2=49$

$(x+2)^2+(y-5)^2=169$

245　$(x+1)^2+(y+2)^2=5$

246　$a=2$，交点の座標は $(-1,\ \pm\sqrt{3})$

247　最大値は $\dfrac{11}{2}+\sqrt{13}$

最小値は $\dfrac{11}{2}-\sqrt{13}$

248　(1)　$k=4$　(2)　5

249　$(-1,\ 2),\ (2,\ -1)$

250　(1)　略　(2)　$3x-2y-4=0$

(3)　$x^2+y^2-3x+2y=0$

251 ア：4　イ：6　ウ：12　エ：2　オ：3

252 (1) $y=\dfrac{\sqrt{3}}{3}x-\dfrac{2\sqrt{3}}{3}$

　(2) $y=\dfrac{\sqrt{5}}{2}x-\dfrac{3}{2}$

253 $y=4\sqrt{3}\,x-7$, $y=-4\sqrt{3}\,x-7$
$y=2\sqrt{2}\,x+3$, $y=-2\sqrt{2}\,x+3$

254 (1) $3x+y=4$

　(2) $\left(x-\dfrac{3}{2}\right)^2+\left(y-\dfrac{1}{2}\right)^2=\dfrac{5}{2}$

255 $a=\dfrac{5}{4}$

256 $\dfrac{\sqrt{7}}{2}<r<2$

257 (1) 直線 $4x+2y-1=0$

　(2) 中心 $(10,\ 0)$, 半径 6 の円

258 (1) 中心 $(0,\ 2)$, 半径 1 の円

　(2) 直線 $x+y-4=0$

259 (1) 直線 $y=3x+4$ 上にある。

　(2) 放物線 $y=\dfrac{1}{2}x^2-\dfrac{5}{2}x+2$ 上にある。

　(3) 放物線 $y=\dfrac{1}{2}(x-2)^2$ の $x\leqq2$ の部分

　　上にある。

260 放物線 $y=2x^2-4x+\dfrac{5}{2}$

261 中心 $(2,\ 0)$, 半径 $\dfrac{2}{3}$ の円

262 放物線 $y=x^2+1$

263 直線 $y=-x+1$　$(-3<x<1)$

264 (1) 放物線 $y=\dfrac{1}{4}x^2+1$

　(2) 直線 $x+2y-2=0$
　　および $2x-y+1=0$

265 (1) 円 $x^2+y^2=3$,
　　（ただし，2 点 A，B は除く）

　(2) 円 $x^2+(y-1)^2=4$　$(y>0)$
　　$x^2+(y+1)^2=4$　$(y<0)$

266 (1) $m<-4,\ 0<m$

　(2) 放物線 $y=2x^2+2x$　$(x<-2,\ 0<x)$

267 円 $x^2+y^2=1$,
　　ただし，点 $(-1,\ 0)$ を除く

268 円 $x^2+y^2=1$,
　　ただし，点 $(-1,\ 0)$ を除く

269 円 $(x-1)^2+y^2=1$,（ただし，M は円
　　$x^2+y^2=1$ の内部）

270 円 $(x-2)^2+(y-2)^2=8$,
　　（ただし，点 $(0,\ 0)$ を除く）

271〜273 略

274 (1) $\begin{cases} x^2+y^2<5 \\ y<-x+1 \end{cases}$　(2) $\begin{cases} y<x^2 \\ y>\dfrac{3}{2}x+1 \end{cases}$

　(3) $\begin{cases} x^2+y^2>2 \\ x^2+y^2<4 \\ y<x+2 \\ y>x-2 \end{cases}$　$\left(\begin{cases} 2<x^2+y^2<4 \\ x-2<y<x+2 \end{cases}\right)$

275〜279 略

280 (1) 直線 l は点 A を通過することができる。

　(2) 略

281 略

282 (1) $x=1$, $y=6$ のとき　最大値 6
　　　　$x=4$, $y=0$ のとき　最小値 0

　(2) $x=1$, $y=6$ のとき　最大値 7
　　　$x=0$, $y=2$ のとき　最小値 2

　(3) $x=4$, $y=0$ のとき　最大値 12
　　　$x=0$, $y=2$ のとき　最小値 2

　(4) $x=1$, $y=6$ のとき　最大値 5
　　　$x=0$, $y=4$ のとき　最小値 -4

283 $x=1$, $y=3$ のとき　最大値 4
$x=-\sqrt{5}$, $y=-\sqrt{5}$ のとき　最小値
$-2\sqrt{5}$

284 (1) 真　(2) 真

285 (1) $x=4$, $y=4$ のとき　最大値 32
　　　　$x=2$, $y=2$ のとき　最小値 8

　(2) $x=0$, $y=4$ のとき　最大値 34
　　　$x=4$, $y=1$ のとき　最小値 1

　(3) $x=4$, $y=0$ のとき　最大値 16
　　　$x=\dfrac{1}{2}$, $y=\dfrac{7}{2}$ のとき　最小値 $-\dfrac{17}{2}$

286 (1) $x=2$, $y=2$ で　最大値 4
　　　　$x=1$, $y=1$ で　最小値 2

　(2) $x=y=0$ で最大値 0
　　　$x=\dfrac{2\sqrt{5}}{5}$, $y=1-\dfrac{\sqrt{5}}{5}$ で最小値
　　$1-\sqrt{5}$

287 (1) $x=-1$, $y=3$ のとき 最大値 1
$x=2$, $y=0$ のとき 最小値 $-\dfrac{1}{5}$

(2) $x=0$, $y=3$ のとき 最大値 3
$x=5$, $y=3$ のとき 最小値 -22

288 (1) ② (2) ① (3) ① (4) ③

289 (1) $a\leqq-\dfrac{5}{4}$ (2) $a\geqq9$

290 $a\leqq\dfrac{1}{3}$ のとき 5

$\dfrac{1}{3}<a\leqq2$ のとき $3a+4$

$2<a$ のとき $5a$

291 $b<\dfrac{1}{4}a^2$, $4+a>0$,

$4+2a+b>0$ 図は略

292 図は略
(1) 第4象限 (2) どの象限の角でもない
(3) 第2象限 (4) 第3象限

293 (1) $\dfrac{\pi}{6}$ (2) $\dfrac{3}{4}\pi$ (3) $-\dfrac{3}{2}\pi$

(4) $\dfrac{5}{3}\pi$ (5) $\dfrac{7}{3}\pi$ (6) $120°$ (7) $225°$

(8) $-330°$ (9) $12°$ (10) $105°$

294 (1) 弧の長さ 4π (cm)
面積 24π (cm²)

(2) 中心角 3 (ラジアン)
面積 6 (cm²)

295 略

296 (1) $\dfrac{2}{3}\pi$ (2) $\sqrt{3}-\dfrac{\pi}{3}$

297 (1) $\sin\dfrac{\pi}{6}=\dfrac{1}{2}$, $\cos\dfrac{\pi}{6}=\dfrac{\sqrt{3}}{2}$,

$\tan\dfrac{\pi}{6}=\dfrac{\sqrt{3}}{3}$

(2) $\sin\dfrac{8}{3}\pi=\dfrac{\sqrt{3}}{2}$, $\cos\dfrac{8}{3}\pi=-\dfrac{1}{2}$,

$\tan\dfrac{8}{3}\pi=-\sqrt{3}$

(3) $\sin\left(-\dfrac{3}{4}\pi\right)=-\dfrac{\sqrt{2}}{2}$,

$\cos\left(-\dfrac{3}{4}\pi\right)=-\dfrac{\sqrt{2}}{2}$, $\tan\left(-\dfrac{3}{4}\pi\right)=1$

(4) $\sin\left(-\dfrac{13}{6}\pi\right)=-\dfrac{1}{2}$,

$\cos\left(-\dfrac{13}{6}\pi\right)=\dfrac{\sqrt{3}}{2}$,

$\tan\left(-\dfrac{13}{6}\pi\right)=-\dfrac{\sqrt{3}}{3}$

298 (1) 第2象限
(2) 第2象限または第4象限
(3) 第3象限または第4象限

299 (1) $\cos\theta=-\dfrac{4}{5}$, $\tan\theta=-\dfrac{3}{4}$

(2) $\sin\theta=-\dfrac{12}{13}$, $\tan\theta=\dfrac{12}{5}$

(3) $\sin\theta=-\dfrac{3\sqrt{10}}{10}$, $\cos\theta=\dfrac{\sqrt{10}}{10}$

300 略

301 (1) $-2\sin\theta$ (2) -1

302 (1) $\alpha=0$, $\dfrac{2}{5}\pi$, $\dfrac{4}{5}\pi$, $\dfrac{6}{5}\pi$, $\dfrac{8}{5}\pi$

(2) $\alpha=\dfrac{\pi}{18}$, $\dfrac{5}{9}\pi$, $\dfrac{19}{18}\pi$, $\dfrac{14}{9}\pi$

303 (1) 第1象限または第2象限の角
(2) 第2象限または第4象限の角

304 (1) $-\dfrac{1}{3}$ (2) $\dfrac{4\sqrt{3}}{9}$ (3) $\pm\dfrac{\sqrt{15}}{3}$

(4) -3

305 (1) $\sin\theta=\dfrac{4}{5}$, $\tan\theta=-\dfrac{4}{3}$ または

$\sin\theta=-\dfrac{4}{5}$, $\tan\theta=\dfrac{4}{3}$

(2) $\sin\theta=\dfrac{\sqrt{6}}{3}$, $\cos\theta=-\dfrac{\sqrt{3}}{3}$ または

$\sin\theta=-\dfrac{\sqrt{6}}{3}$, $\cos\theta=\dfrac{\sqrt{3}}{3}$

306 略

307 図は略
(1) 周期：π 値域：$-1\leqq y\leqq1$
(2) 周期：2π 値域：$-1\leqq y\leqq1$
(3) 周期：4π 値域：$-2\leqq y\leqq2$
(4) 周期：2π 値域：$-1\leqq y\leqq1$
(5) 周期：2π 値域：$-1\leqq y\leqq1$
(6) 周期：2π 値域：$-2\leqq y\leqq2$

308 図は略
(1) 周期：π

漸近線：$\theta=\dfrac{\pi}{2}+n\pi$ （n は整数）

(2) 周期：3π

漸近線：$\theta=\dfrac{3}{2}\pi+3n\pi$　（n は整数）

(3) 周期：π

　　漸近線：$\theta=\dfrac{3}{4}\pi+n\pi$　（n は整数）

309 図は略

(1) 周期 π　(2) 周期 $\dfrac{2}{3}\pi$　(3) 周期 2π

(4) 周期 π

310 $a=3,\ b=\dfrac{\pi}{2}$,

　　　A$=2$, B$=-2$, C$=\dfrac{5}{6}\pi$

311 図は略

(1) 周期 π　(2) 周期 π

312 $\sin 0<\sin 3<\sin 1<\sin 2$

313 (1) $\theta=\dfrac{\pi}{4},\ \dfrac{3}{4}\pi$　(2) $\theta=\dfrac{5}{6}\pi,\ \dfrac{7}{6}\pi$

(3) $\theta=\dfrac{\pi}{6},\ \dfrac{7}{6}\pi$

314 (1) $0\le\theta<\dfrac{4}{3}\pi,\ \dfrac{5}{3}\pi<\theta<2\pi$

(2) $0\le\theta\le\dfrac{2}{3}\pi,\ \dfrac{4}{3}\pi\le\theta<2\pi$

(3) $\dfrac{\pi}{2}<\theta\le\dfrac{3}{4}\pi,\ \dfrac{3}{2}\pi<\theta\le\dfrac{7}{4}\pi$

315 (1) $\theta=\pi,\ \dfrac{3}{2}\pi$

(2) $\theta=0,\ \dfrac{5}{6}\pi,\ \pi,\ \dfrac{11}{6}\pi$

(3) $\theta=\dfrac{\pi}{24},\ \dfrac{13}{24}\pi,\ \dfrac{25}{24}\pi,\ \dfrac{37}{24}\pi$

(4) $0\le\theta\le\dfrac{\pi}{6},\ \dfrac{\pi}{2}\le\theta<2\pi$

(5) $\dfrac{5}{24}\pi<\theta<\dfrac{11}{24}\pi,\ \dfrac{29}{24}\pi<\theta<\dfrac{35}{24}\pi$

(6) $0\le\theta<\dfrac{\pi}{4},\ \dfrac{11}{12}\pi<\theta<\dfrac{5}{4}\pi$,

　　$\dfrac{23}{12}\pi<\theta<2\pi$

316 (1) $\theta=0,\ \dfrac{\pi}{6},\ \dfrac{5}{6}\pi,\ \pi$

(2) $\theta=\dfrac{\pi}{3},\ \dfrac{5}{3}\pi$

(3) $0\le\theta<\dfrac{7}{6}\pi,\ \dfrac{11}{6}\pi<\theta<2\pi$

(4) $0\le\theta\le\dfrac{\pi}{3},\ \dfrac{5}{3}\pi\le\theta<2\pi$

317 実数解　$0\le\theta\le\dfrac{2}{3}\pi,\ \dfrac{4}{3}\pi\le\theta<2\pi$

　　　正　$\dfrac{\pi}{2}<\theta\le\dfrac{2}{3}\pi$

318 (1) $\dfrac{1}{2}\le a\le\dfrac{17}{16}$　(2) $1\le a<\dfrac{17}{16}$

319 (1) $\dfrac{\sqrt{2}+\sqrt{6}}{4}$　(2) $\dfrac{\sqrt{6}-\sqrt{2}}{4}$

(3) $-2+\sqrt{3}$　(4) $\dfrac{\sqrt{6}-\sqrt{2}}{4}$

(5) $\dfrac{\sqrt{2}-\sqrt{6}}{4}$　(6) $2-\sqrt{3}$

320 $\cos\alpha=\dfrac{\sqrt{5}}{3},\ \sin\beta=-\dfrac{12}{13}$,

　　　$\cos(\alpha+\beta)=\dfrac{24-5\sqrt{5}}{39}$

321 $\sin(\alpha-\beta)=-\dfrac{63}{65},\ \cos(\alpha-\beta)=-\dfrac{16}{65}$

322 $\tan(\alpha+\beta)=\dfrac{1}{13},\ \tan(\alpha-\beta)=-\dfrac{7}{11}$

323 (1) $\theta=\dfrac{\pi}{3}$　(2) $\theta=\dfrac{\pi}{4}$

324 (1) 0　(2) 1

325 略

326 $-\dfrac{1}{2}$

327 2

328 (1) $\dfrac{\pi}{3}$　(2) $\alpha+\beta=\dfrac{\pi}{6},\ \alpha+\beta+\gamma=\dfrac{\pi}{4}$

329 (1) $\tan\theta=\dfrac{2m}{1+3m^2}$　(2) $\dfrac{\pi}{6}$

330 $\dfrac{4}{3}\pi$

331 略

332 $\sin\left(\theta+\dfrac{\pi}{4}\right)=\dfrac{2\sqrt{2}}{3},\ \sin\theta=\dfrac{4-\sqrt{2}}{6}$

333 $\begin{cases}x=\dfrac{2}{3}\pi\\[2mm]y=\dfrac{\pi}{6}\end{cases}$ または $\begin{cases}x=\dfrac{\pi}{6}\\[2mm]y=\dfrac{2}{3}\pi\end{cases}$

334 $\sin 2\alpha=-\dfrac{3\sqrt{7}}{8},\ \cos 2\alpha=\dfrac{1}{8}$,

　　　$\tan 2\alpha=-3\sqrt{7}$

335 $\sin\alpha=\dfrac{\sqrt{11}}{4},\ \cos\alpha=-\dfrac{\sqrt{5}}{4}$,

　　　$\tan\alpha=-\dfrac{\sqrt{55}}{5}$

336 $\sin 2\alpha = \dfrac{4\sqrt{2}}{9}$, $\cos 4\alpha = \dfrac{17}{81}$

337 $\sin 2\alpha = \dfrac{4}{5}$, $\cos 2\alpha = -\dfrac{3}{5}$,

$\tan 2\alpha = -\dfrac{4}{3}$

338 (1) $\dfrac{\sqrt{2+\sqrt{2}}}{2}$ (2) $\dfrac{\sqrt{6}+\sqrt{2}}{4}$

(3) $2+\sqrt{3}$

339 $\sin\dfrac{\alpha}{2} = \dfrac{\sqrt{6}}{3}$, $\cos\dfrac{\alpha}{2} = \dfrac{\sqrt{3}}{3}$,

$\tan\dfrac{\alpha}{2} = \sqrt{2}$

340 略

341 (1) $\dfrac{3}{4}$ (2) $-\dfrac{\sqrt{7}}{4}$ (3) $-\dfrac{3\sqrt{7}}{7}$

342 $\sin\theta = \dfrac{2t}{1+t^2}$, $\cos\theta = \dfrac{1-t^2}{1+t^2}$,

$\tan\theta = \dfrac{2t}{1-t^2}$

343 (1) $\dfrac{1}{2}$, 2 (2) $\dfrac{4}{5}$

344 (1) $\theta = 0$, $\dfrac{2}{3}\pi$, π, $\dfrac{4}{3}\pi$

(2) $\theta = \dfrac{\pi}{3}$, $\dfrac{5}{3}\pi$ (3) $\dfrac{\pi}{6} \leqq \theta \leqq \dfrac{5}{6}\pi$

(4) $0 \leqq \theta < \dfrac{\pi}{6}$, $\dfrac{\pi}{2} < \theta < \dfrac{5}{6}\pi$, $\dfrac{3}{2}\pi < \theta < 2\pi$

345 $\dfrac{120}{169}$

346 (1) 略 (2) 略 (3) $\dfrac{-1+\sqrt{5}}{4}$

347 $\tan\theta = \dfrac{a \pm \sqrt{a^2+3}}{3}$

348 $\dfrac{\pi}{3} < \theta < 2\pi$

349 $-\dfrac{7}{20}$

350 (1) $2\sqrt{3}\sin\left(\theta - \dfrac{\pi}{6}\right)$

(2) $\sqrt{2}\sin\left(\theta + \dfrac{3}{4}\pi\right)$ (3) $2\sin\left(\theta - \dfrac{2}{3}\pi\right)$

351 (1) $3\sin(\theta+\alpha)$,

ただし，α は $\cos\alpha = \dfrac{2}{3}$, $\sin\alpha = \dfrac{\sqrt{5}}{3}$

(2) $\sqrt{13}\sin(\theta+\alpha)$

ただし，α は $\cos\alpha = \dfrac{3\sqrt{13}}{13}$,

$\sin\alpha = -\dfrac{2\sqrt{13}}{13}$

352 $2\cos\left(\theta - \dfrac{\pi}{6}\right)$

353 (1) $\theta = \dfrac{\pi}{2}$, $\dfrac{7}{6}\pi$

(2) $\dfrac{\pi}{24} \leqq \theta \leqq \dfrac{7}{24}\pi$, $\dfrac{25}{24}\pi \leqq \theta \leqq \dfrac{31}{24}\pi$

354 (1) $-1 \leqq f(\theta) \leqq 3$ (2) $\theta = 0$, $\dfrac{4}{3}\pi$

(3) $0 \leqq \theta < \dfrac{\pi}{3}$, $\pi < \theta < 2\pi$

355 (1) 略

(2) $\cos\theta(\sqrt{3}\sin\theta + \cos\theta) = \dfrac{t^2-1}{2}$

(3) $-\dfrac{5}{8} < a \leqq -\dfrac{1}{2}$

356 (1) $\theta = \dfrac{\pi}{2}$ のとき最大値 0，

$\theta = \dfrac{3}{2}\pi$ のとき最小値 -2

(2) $\theta = 0$ のとき最大値 3，
$\theta = \pi$ のとき最小値 1

(3) $\theta = 0$ のとき最大値 2，
$\theta = \pi$ のとき最小値 -4

(4) $\theta = \dfrac{3}{2}\pi$ のとき最大値 $\dfrac{7}{2}$，

$\theta = \dfrac{\pi}{2}$ のとき最小値 $\dfrac{5}{2}$

357 (1) $\theta = \dfrac{\pi}{2}$ のとき最大値 1，

$\theta = \dfrac{4}{3}\pi$ のとき最小値 $-\dfrac{\sqrt{3}}{2}$

(2) $\theta = \dfrac{\pi}{3}$ のとき最大値 $\dfrac{1}{2}$，

$\theta = \pi$ のとき最小値 -1

(3) $\theta = \dfrac{7}{4}\pi$ のとき最大値 $\sqrt{2}-1$，

$\theta = \pi$ のとき最小値 -3

358 (1) $\theta = \dfrac{\pi}{3}$ のとき最大値 $\sqrt{3}$，

$\theta = \dfrac{\pi}{6}$ のとき最小値 $\dfrac{\sqrt{3}}{3}$

(2) $\theta=\dfrac{\pi}{4}$ のとき最大値 2，

$\theta=-\dfrac{\pi}{3}$ のとき最小値 $1-\sqrt{3}$

359 (1) 最大値 5，最小値 -5

(2) $\theta=\dfrac{3}{4}\pi$ のとき最大値 $\sqrt{2}$，

$\theta=\dfrac{7}{4}\pi$ のとき最小値 $-\sqrt{2}$

360 (1) $\theta=\dfrac{\pi}{3}$ のとき最大値 1，

$\theta=\pi$ のとき最小値 $-\dfrac{1}{2}$

(2) $\theta=\dfrac{\pi}{8}$ のとき最大値 1，

$\theta=\dfrac{5}{8}\pi$ のとき最小値 -1

361 (1) $\theta=\dfrac{\pi}{6}$ のとき最大値 $\sqrt{3}$，

$\theta=-\dfrac{\pi}{12}$ のとき最小値 $-\dfrac{1}{\sqrt{3}}$

(2) $\theta=\pi$ のとき最大値 $\sqrt{3}$，

$\theta=\dfrac{\pi}{3}$ のとき最小値 0

362 (1) $\theta=\pi$ のとき最大値 3，

$\theta=\dfrac{\pi}{3},\ \dfrac{5}{3}\pi$ のとき最小値 $-\dfrac{3}{2}$

(2) $\theta=\dfrac{\pi}{2}$ のとき最大値 3，

$\theta=\dfrac{7}{6}\pi,\ \dfrac{11}{6}\pi$ のとき最小値 $-\dfrac{3}{2}$

363 $\theta=\dfrac{\pi}{12}$ のとき最大値 $2\sqrt{3}+3$，

$\theta=\dfrac{7}{12}\pi$ のとき最小値 $-2\sqrt{3}+3$

364 $\theta=\dfrac{5}{6}\pi$ のとき最大値 $\sqrt{3}$，

$\theta=\dfrac{11}{6}\pi$ のとき最小値 $-\sqrt{3}$

365 $\sqrt{5}$

366 $0<a<1$ のとき最小値 $1-a^2$，

$a\geqq1$ のとき最小値 $2-2a$

367 (1) $y=t^2+t,\ -\sqrt{2}\leqq t\leqq\sqrt{2}$

(2) $t=\sqrt{2}$ のとき最大値 $2+\sqrt{2}$，

$t=-\dfrac{1}{2}$ のとき最小値 $-\dfrac{1}{4}$

368 $\dfrac{13}{2}$

369 $\theta=\dfrac{\pi}{2}-\alpha$ のとき最大値 $\sqrt{a^2+1}$，

$\theta=0$ のとき最小値 1

370 (1) $\dfrac{1+\sqrt{3}}{4}$ (2) $-\dfrac{1-\sqrt{3}}{4}$

(3) $\dfrac{\sqrt{6}}{2}$ (4) $-\dfrac{\sqrt{2}}{2}$

371 (1) $\dfrac{1}{2}(\sin5\theta+\sin3\theta)$

(2) $\dfrac{1}{2}(\sin5\theta-\sin\theta)$

(3) $\dfrac{1}{2}(\cos5\theta+\cos\theta)$

(4) $-\dfrac{1}{2}(\cos3\theta-\cos\theta)$

372 (1) $2\sin3\theta\cos\theta$ (2) $2\cos5\theta\sin2\theta$

(3) $2\cos3\theta\cos2\theta$ (4) $2\sin3\theta\sin\theta$

373 (1) $\dfrac{\sqrt{3}}{8}$ (2) 0

374 (1) $\dfrac{-2+\sqrt{3}}{4}\leqq y\leqq\dfrac{2+\sqrt{3}}{4}$

(2) $-1\leqq y\leqq\dfrac{\sqrt{2}}{2}$

375 $\theta=\dfrac{\pi}{4},\ \dfrac{\pi}{2},\ \dfrac{3}{4}\pi,\ \dfrac{5}{4}\pi,\ \dfrac{3}{2}\pi,\ \dfrac{7}{4}\pi$

376 $0\leqq\theta<\dfrac{\pi}{6},\ \dfrac{\pi}{3}<\theta<\dfrac{\pi}{2}$

377 略

378 (1) 1 (2) $\dfrac{1}{64}$ (3) $\dfrac{1}{36}$ (4) 27

(5) $\dfrac{1}{7}$ (6) 32 (7) a (8) $\dfrac{1}{a^4}$

(9) $\dfrac{1}{ab^8}$

379 (1) 2 (2) ±4 (3) -3

380 (1) 4 (2) -3 (3) -3 (4) -1

(5) $\dfrac{2}{3}$ (6) 0.1

381 (1) 3 (2) 6 (3) 2

382 (1) $\dfrac{1}{2}$ (2) $-\dfrac{2}{3}$ (3) $\dfrac{3}{2}$ (4) 3

(5) 左から 4，3 (6) 5

383 (1) 125 (2) 10 (3) $\dfrac{1}{3}$

384 (1) 16　(2) 3　(3) 5　(4) $\dfrac{1}{8}$

(5) $\dfrac{25}{9}$　(6) a

385 (1) $\sqrt[3]{9}$　(2) 2　(3) $\sqrt{5}$　(4) $\dfrac{1}{\sqrt[3]{a}}$

(5) $a\sqrt[4]{a}$　(6) $\sqrt[5]{a^2}$

386 (1) 24　(2) $\dfrac{1}{6}$

387 (1) $a-b$　(2) $a+b$

388 (1) 14　(2) 52

389 (1) $\sqrt{13}$　(2) $3\sqrt{13}$　(3) 36

390 $\dfrac{3}{2}$

391 (1) $\dfrac{5}{6}$　(2) $\dfrac{35}{6}$　(3) $4\sqrt[3]{2}$　(4) $\sqrt[3]{3}$

392 $2^{2x}=\dfrac{5\pm\sqrt{21}}{2}$, $2^x=\dfrac{\sqrt{7}\pm\sqrt{3}}{2}$

393 (1) 3　(2) a

394 略

395 (1) $a=3$, $b=1$, $c=\dfrac{1}{9}$

(2) $a=\dfrac{1}{2}$, $b=1$, $c=\dfrac{\sqrt{2}}{2}$

396 (1) $1\leqq y\leqq 8$　(2) $\dfrac{1}{9}\leqq y\leqq 3$

397 (1) $3^{-1}<3^0<3^{\frac{1}{2}}<3^2$
(2) $0.9^2<1<0.9^{-1}<0.9^{-2}$
(3) $\sqrt[6]{8}<\sqrt[4]{8}<\sqrt[3]{8}$　(4) $\sqrt[7]{8}<\sqrt{2}<\sqrt[3]{4}$

398 略

399 (1) $\sqrt[6]{7}<\sqrt[3]{4}$　(2) $\sqrt[4]{8}<\sqrt[3]{5}<\sqrt{3}$
(3) $3^8<5^6$　(4) $7^{10}<2^{30}<3^{20}$

400 $\left(\dfrac{1}{3}\right)^{30}<\left(\dfrac{1}{5}\right)^{20}<\left(\dfrac{1}{20}\right)^{10}<\left(\dfrac{1}{2}\right)^{40}$

401 (1) $x=4$　(2) $x=5$　(3) $x=-5$
(4) $x=-4$　(5) $x=\dfrac{3}{2}$　(6) $x=1$

402 (1) $x>4$　(2) $x<-3$　(3) $x\leqq -4$
(4) $x<-1$　(5) $x\geqq\dfrac{1}{4}$　(6) $x>-1$

403 (1) $-1<x<3$　(2) $\dfrac{3}{4}<x<\dfrac{3}{2}$
(3) $0\leqq x\leqq 2$　(4) $1<x<3$

404 (1) $x=0$, 2　(2) $x=2$　(3) $x=3$
(4) $x=1$

405 (1) $0\leqq x\leqq 1$　(2) $x>2$　(3) $x\leqq -1$
(4) $1<x<4$

406 (1) $x=0$ のとき最小値 1,
最大値はない
(2) $x=1$ のとき最大値 3，最小値はない

407 (1) $x=3$　(2) $x\geqq 1$

408 (1) $x=2$, $y=3$ または $x=3$, $y=2$
(2) $x=2$, $y=1$

409 (1) $x=-1$ のとき最大値 $\dfrac{19}{9}$,
$x=1$ のとき最小値 -5
(2) $x=0$ のとき最大値 1,
$x=1$ のとき最小値 $\dfrac{1}{2}$

410 (1) $a>1$ のとき $x<1$,
$0<a<1$ のとき $x>1$
(2) $x<-1$, $1<x$

411 (1) $4^x+4^{-x}=t^2-2$　(2) $t\geqq 2$
(3) $y=(t-1)^2+1$, $x=0$ のとき最小値 2

412 $x=-1$, 1

413 $3<a<5$

414 (1) $4=\log_2 16$　(2) $-\dfrac{1}{2}=\log_{25}\dfrac{1}{5}$
(3) $0=\log_3 1$　(4) $3^5=243$
(5) $(\sqrt{2})^6=8$　(6) $9^{-\frac{1}{2}}=\dfrac{1}{3}$

415 (1) 3　(2) 0　(3) -2　(4) -3
(5) 4　(6) $\dfrac{3}{4}$

416 (1) $p=\dfrac{5}{2}$　(2) $M=\dfrac{1}{27}$　(3) $M=4$
(4) $a=3$

417 (1) 2　(2) 1　(3) 2　(4) 2　(5) 2
(6) 0

418 (1) $\dfrac{3}{2}$　(2) $\dfrac{2}{3}$　(3) -4　(4) -4

419 (1) 2　(2) 3

420 (1) -3　(2) 1　(3) 2　(4) 0

421 (1) $\dfrac{1}{2}(2a+b)$　(2) $\dfrac{3a+b}{a+b}$
(3) $-a+b+1$

422 (1) 1　(2) 4　(3) $\dfrac{3}{2}$　(4) 4　(5) $\dfrac{7}{2}$
(6) 6

423 (1) $\log_2 7 = ab$ (2) $\log_{14} 28 = \dfrac{2+ab}{1+ab}$

424 (1) 3 (2) $\dfrac{1}{16}$ (3) 9

425 $\dfrac{1}{5}$

426 $m=4$, $n=5$

427 略

428 2

429 (1) $\dfrac{73}{9}$ (2) $18\sqrt{3}$

430 図は略 (1) 略
(2) $y=\log_5 x$ のグラフを x 軸に関して対称移動したもの。
(3) $y=\log_5 x$ のグラフを y 軸方向に 1 だけ平行移動したもの。

431 (1) $a=3$, $b=1$, $c=\dfrac{1}{3}$
(2) $a=\dfrac{1}{2}$, $b=1$, $c=-2$

432 (1) $-1 \leqq y \leqq 2$ (2) $-\dfrac{3}{2} \leqq y \leqq -1$

433 (1) $\log_2 \dfrac{1}{2} < \log_2 \sqrt{3} < \log_2 5$
(2) $\log_{0.3} 5 < 0 < \log_{0.3} \dfrac{1}{2}$
(3) $\log_{\frac{1}{3}} 4 < \log_3 4 < \log_2 4$
(4) $\log_2 \dfrac{1}{2} < \log_3 \dfrac{1}{2} < \log_{\frac{1}{3}} \dfrac{1}{2}$

434 略

435 (1) $\log_9 25 < \dfrac{3}{2} < \log_4 9$
(2) $\log_3 2 < \log_4 8 < \log_2 3$

436 (1) $y=2^x$ (2) $y=\log_2(x-1)+2$
(3) $y=2^{x-2}+1$

437 (1) -2 (2) 順に，6, 3, 1
(3) 順に，-6, -1, 6, 3

438 略

439 (1) $\log_2 5 < 2\log_8 12$
(2) $2\log_3 5 < 2^{\log_2 3} < 10^{\frac{1}{2}}$

440 $\log_a \dfrac{a}{b} < \log_b \dfrac{b}{a} < \dfrac{1}{2} < \log_b a < \log_a b$

441 (1) $x=\dfrac{1}{8}$ (2) $x=16$ (3) $x=8$
(4) $x=\dfrac{10}{9}$

442 (1) $0 < x \leqq 8$ (2) $x > \dfrac{1}{36}$
(3) $x \geqq \dfrac{\sqrt{3}}{3}$ (4) $-2 < x < 7$

443 (1) $x=2$ (2) $x=256$ (3) $x=\pm 9$

444 (1) $\dfrac{1}{10} < x < 100$ (2) $\dfrac{1}{32} \leqq x \leqq 1$
(3) $\dfrac{1}{8} \leqq x \leqq 1$

445 (1) $x=3$ (2) $x=\dfrac{1}{3}$, 27
(3) $x=1$, $\dfrac{1}{16}$ (4) $x=5$ (5) $x=6$

446 (1) $3 < x < 4$ (2) $0 < x < \dfrac{1}{4}$, $16 < x$
(3) $\dfrac{1}{2} \leqq x \leqq \sqrt[4]{2}$ (4) $x \geqq 1$

447 (1) $x=\dfrac{\log_2 3}{\log_2 3 - 1}$ (2) $x > \dfrac{3\log_2 5 + 2}{\log_2 5 - 1}$

448 (1) $x=8$ のとき最小値 -5，最大値はない
(2) $x=3$ のとき最大値 $\dfrac{4}{3}$，最小値はない
(3) $x=4$ のとき最小値 -4，最大値はない
(4) $x=2\sqrt{2}$ のとき最大値 $\dfrac{1}{2}$，最小値はない

449 (1) $a>1$ のとき　$0 < x < 1$
　　　$0 < a < 1$ のとき　$1 < x < 2$
(2) $a>1$ のとき　$x \geqq 3$
　　　$0 < a < 1$ のとき　$-2 < x \leqq 3$

450 (1) $x=\dfrac{1}{81}$, 3 (2) $x=\dfrac{-2 \pm \sqrt{10}}{2}$
(3) $0 < x < \dfrac{1}{27}$, $1 < x < 9$ (4) $0 < x < 2$

451 (1) $x=2$, $y=1$
(2) $x=4$, $y=\dfrac{1}{2}$　または　$x=\dfrac{1}{64}$, $y=8$

452 $x=3\sqrt{2}$, $y=\dfrac{3\sqrt{2}}{2}$ のとき最小値 36

453 $x=3$, $y=2$ のとき最大値 1

454 $x=10^{\frac{3}{4}}$, $y=10^{\frac{3}{2}}$ のとき最大値 $\dfrac{9}{8}$

455 略

456 略

457 (1) 4 (2) -1 (3) -3

458 (1) 2.0899 (2) 4.0899 (3) -1.9101

459 (1) 1.0791 (2) 0.6990 (3) 0.0970

460 (1) 16 桁 (2) 32 桁

461 (1) 小数第 10 位 (2) 小数第 4 位

462 $20 \leqq n \leqq 23$

463 (1) $n=27$ (2) $n=7$

464 35 年後

465 27 時間後

466 (1) 5 (2) 4

467 2

468 (1) $\log_{10}N=2a$, $\log_{10}M=a+1$
(2) $M=20$, $N=4$ または $M=30$, $N=9$

469 (1) $\log_{10}5=0.699$, $\log_{10}6=0.778$,
$\log_{10}8=0.903$
(2) $\log_{10}7$ は $\log_{10}8$ に近い。理由は略

470 ア：23, イ：14, ウ：15, エ：38,
オ：7, カ：9, キ：4, ク：1

471 (1) -2 (2) 3 (3) $4+h$

472 (1) 3 (2) -1 (3) 3 (4) 0 (5) 6
(6) 2

473 (1) 5 (2) -6

474 (1) $2x-1$ (2) $3x^2+3$

475 (1) $6x-1$ (2) -3 (3) 0
(4) $-2x^2+5x-6$ (5) $8x-12$
(6) $6x+5$ (7) $9x^2+2x+6$
(8) $3x^2+12x+12$

476 (1) 10 (2) -2 (3) 1

477 (1) $4t-4$ (2) $3t^2-a$ (3) $8\pi r$
(4) $\dfrac{1}{3}\pi r^2$

478 (1) $3x^2+4x-5$ (2) $24x^2+72x+54$
(3) $4x^3-9x^2+2$ (4) $-5x^4+6x^2$

479 $a=\dfrac{1}{2}$

480 $f(x)=x^2-6$

481 $f(x)=x^3+2x^2+x-2$

482 (1) $f(x)=x^2-\dfrac{3}{2}x+\dfrac{2}{3}$
(2) $f(x)=x^2+2x$

483 (1) $f(x)=x^3-x^2+2$
(2) $f(x)=x^2+x+1$

484 (1) $9x^2-2x+3$ (2) $-3x^2+10x-3$

485 (1) $6(3x+1)$ (2) $-12(5-4x)^2$

486 (1) 接線 $y=2x-4$, 法線 $y=-\dfrac{1}{2}x+1$
(2) 接線 $y=2x+6$, 法線 $y=-\dfrac{1}{2}x+\dfrac{7}{2}$
(3) 接線 $y=-3$, 法線 $x=1$
(4) 接線 $y=-5x-3$, 法線 $y=\dfrac{1}{5}x+\dfrac{11}{5}$

487 (1) $y=-x+4$ (2) $y=24x-37$

488 (1) $y=-3x+3$
(2) $y=9x+7$, $y=9x-25$
(3) $y=2$, $y=-2$

489 (1) $y=7x-4$, $y=-x-4$
(2) $y=2x$, $y=10x-24$

490 $(2, \ -4)$

491 (1) $y=4$, $y=-9x-14$
(2) $y=-x+2$, $y=8x-16$

492 $y=-3x+1$

493 $a=1$, $b=-6$

494 $a=-3$, $b=1$

495 $k=-15$

496 $a=-1$, $b=\dfrac{2}{3}$, $c=-\dfrac{2}{3}$

497 $y=4x-4$, $y=2x-1$

498 (1) $y=3a^2x-2a^3+3$
(2) $y=3b^2x-2b^3-1$ (3) $y=3x+1$

499 $a=-1\pm\sqrt{2}$

500 (1) $(1, \ 3)$ (2) $45°$

501 $a=0$, $b=-2$, $y=7x-1$

502 (1) $x=1$ で極小値 -1, 極大値はない。
(2) $x=-\dfrac{1}{4}$ で極大値 $\dfrac{9}{8}$, 極小値はない。
(3) $x=-2$ で極大値 $\dfrac{10}{3}$,
$x=1$ で極小値 $-\dfrac{7}{6}$
(4) $x=1$ で極大値 1, $x=-1$ で極小値 -7
(5) 極値はない。
(6) 極値はない。

503 図は略
(1) $x=2$ のとき極小値 1, 極大値はない。
(2) $x=1$ のとき極大値 3, 極小値はない。
(3) $x=-1$ のとき極大値 4,
$x=1$ のとき極小値 0

(4) $x=-1$ のとき極大値 9,
　　$x=3$ のとき極小値 -23

(5) $x=3$ のとき極大値 0,
　　$x=1$ のとき極小値 -4

(6) $x=\sqrt{2}$ のとき極大値 $4\sqrt{2}$,
　　$x=-\sqrt{2}$ のとき極小値 $-4\sqrt{2}$

504 $a=-12$

505 $a=-6$, $b=3$, $x=1$ で極小値 -1

506 図は略

(1) $x=\dfrac{2}{3}$ のとき極大値 $\dfrac{32}{27}$,
　　$x=2$ のとき極小値 0

(2) 極値はない

(3) $x=2$ のとき極大値 8,
　　$x=-\dfrac{2}{3}$ のとき極小値 $-\dfrac{40}{27}$

(4) 極値はない

507 順に
(1) $<$, $>$　(2) $>$, $<$, $<$, $>$

508 $a=0$, $b=-3$, $c=8$,
　　$x=-1$ のとき極大値 10

509 $f(x)=x^3-3x^2-9x+7$

510 (1) $a\geqq 2$　(2) $a\leqq -2$
(3) $a\leqq -2$, $2\leqq a$
(4) $-2<a<0$, $0<a<2$

511 $a=1$, 極大値 5

512 $b\geqq \dfrac{1}{3}a^2$, 図は略

513 $a\leqq 0$

514 (1) $-3\leqq x\leqq 0$, $3\leqq x$
(2) $x<1$, $1<x<2$
(3) $-\sqrt{2}<x<-1$, $\sqrt{2}<x$
(4) $x\leqq -2$, $x=1$

515 図は略
(1) $x=0$ のとき極大値 0,
　　$x=\pm 1$ のとき極小値 -1
(2) $x=2$ のとき極小値 -11
　　極大値はない

516 (1) $a=\dfrac{11}{4}$, $b=-1$, $c=-\dfrac{11}{4}$
(2) $x=-\dfrac{11}{4}$　(3) $x=\dfrac{1}{6}$

517 (1) $x=1$, 4 のとき最大値 4,
　　$x=-1$ のとき最小値 -16

(2) $x=0$ のとき最大値 2,
　　$x=2$ のとき最小値 -18

(3) $x=2$ のとき最大値 $\dfrac{10}{3}$,
　　$x=-1$ のとき最小値 $-\dfrac{7}{6}$

518 (1) $x=1$ のとき最大値 2,
　　$x=\dfrac{1}{3}$ のとき最小値 $\dfrac{22}{27}$

(2) $x=-\sqrt{3}$ のとき最小値 $-6\sqrt{3}$,
　　最大値はない

(3) $x=-1$ のとき最大値 18,
　　$x=1$ のとき最小値 -2

519 最大値 1 ($x=1$, $y=1$ のとき),
最小値 0 ($x=3$, $y=0$ および $x=0$,
$y=\dfrac{3}{2}$ のとき)

520 (1) $S=-x^3+2x^2$, $1<x<2$
(2) $C\left(\dfrac{4}{3},\ \dfrac{8}{9}\right)$ のとき最大値 $\dfrac{32}{27}$

521 $a=-4$

522 $-3<a<-2$ のとき, $x=a$ で最大値
a^3+3a^2, $-2\leqq a<1$ のとき, $x=-2$ で最大
値 4, $a\geqq 1$ のとき, $x=a$ で最大値
a^3+3a^2

523 $a=2$, $b=11$

524 (1) $0<a<\dfrac{1}{3}$ のとき, $x=1$ で最大値
$1-3a$, $a\geqq \dfrac{1}{3}$ のとき, $x=0$ で最大値 0

(2) $0<a<\dfrac{1}{2}$ のとき, $x=2a$ で最小値
$-4a^3$, $a\geqq \dfrac{1}{2}$ のとき, $x=1$ で最小値
$1-3a$

525 $a=\dfrac{1}{5}$, $b=0$ または $a=-\dfrac{1}{5}$, $b=4$

526 (1) $h=12-4r$ $(0<r<3)$
(2) 最大値 16π

527 $B(2,\ 2)$, $AB=\sqrt{5}$

528 $x=\dfrac{4}{3}$ のとき最大値 $2-3\log_2 3$

529 $\theta=\dfrac{\pi}{6}$, $\dfrac{5}{6}\pi$ のとき最大値 3,
$\theta=0$, π のとき最小値 $\dfrac{1}{4}$

530 (1) $y=-2t^3+3t^2+12t-3$

(2) $-\sqrt{2}\leqq t\leqq\sqrt{2}$

(3) $\theta=\dfrac{3}{4}\pi$ のとき最大値 $3+8\sqrt{2}$,

$\theta=0,\ \dfrac{3}{2}\pi$ のとき最小値 -10

531 (1) $y+z=1-x,\ yz=x^2-x$

(2) $-\dfrac{1}{3}\leqq x\leqq 1$

(3) $x^3+y^3+z^3=3x^3-3x^2+1$,

$x=0,\ 1$ のとき，最大値 1,

$x=-\dfrac{1}{3},\ \dfrac{2}{3}$ のとき，最小値 $\dfrac{5}{9}$

532 (1) 実数解は 3 個,

2 つの解は負，1 つの解は正

(2) 実数解は 2 個,

1 つの解は負，1 つの解は正

(3) 実数解は 3 個,

1 つの解は負，2 つの解は正

(4) 実数解は 1 個，正の解

533 略

534 (1) $a<-20,\ 7<a$ のとき 1 個,

$a=-20,\ 7$ のとき 2 個,

$-20<a<7$ のとき 3 個

(2) $-\dfrac{5}{2}<\alpha<-1$

535 略

536 $-2<a<0$

537 $k<-5,\ 27<k$ のとき 1 個，$k=-5,\ 27$ のとき 2 個，$-5<k<27$ のとき 3 個

538 $p<-1,\ 1<p$

539 $a\geqq 1$

540 (1) $x=0$ のとき極大値 $2a$,

$\quad\quad x=2a$ のとき極小値 $2a-4a^3$

(2) $\dfrac{\sqrt{2}}{2}<a<\dfrac{4}{5}$

541 $0<a<\dfrac{4}{27}$, 正の解を 3 個, 負の解を 1 個もつ。

542 (1) $y=(3t^2+4t-4)x-2t^3-2t^2$

(2) $k<-\dfrac{8}{27}$, $0<k$ のとき 1 本,

$k=-\dfrac{8}{27}$, 0 のとき 2 本,

$-\dfrac{8}{27}<k<0$ のとき 3 本

543 (1) $f(x)=2t^3-12t^2+18t+5$　$(t>0)$

(2) $a<5$ のとき 0 個, $a=5$, $a>13$ のとき 1 個, $a=13$ のとき 2 個, $5<a<13$ のとき 3 個

(3) $a=13,\ x=0,\ 2$

544 略

545 説明は略，等号成立は $x=y=z$ のとき

546 C は積分定数（以下同）

(1) $3x^2+C$　(2) $4x^3+C$　(3) $-3x+C$

(4) $x+C$　(5) $-x^2+7x+C$

(6) x^3-2x^2+x+C

547 (1) $\dfrac{1}{3}x^3+\dfrac{3}{2}x^2+C$

(2) $\dfrac{1}{3}x^3+\dfrac{1}{2}x^2-2x+C$

(3) $\dfrac{4}{3}x^3-2x^2+x+C$　(4) $3x^3-x+C$

(5) $\dfrac{2}{3}x^3-\dfrac{7}{2}x^2+6x+C$

(6) $-\dfrac{2}{3}x^3+\dfrac{1}{2}x^2+x+C$

548 (1) s^3+s^2+C　(2) $\dfrac{1}{3}y^3-2y^2+4y+C$

(3) $\dfrac{1}{3}t^3-a^2t+C$

549 (1) $f(x)=3x^2-2x+1$

(2) $f(x)=x^3-4x^2+4$

550 (1) x^3+x+C　(2) $2x^2+C$

(3) $\dfrac{1}{2}x^2-3x+C$

551 $y=2x^3-x^2+3x+9$

552 (1) $f(x)=\dfrac{3}{2}x^2-5x+8$

(2) $f(x)=x^3+5x^2+x-4$

553 $f(x)=2x^2-4x+1$

554 $f(x)=\dfrac{1}{3}x^3-x^2+3x-\dfrac{4}{3}$

555 $f(x)=-x^3+x^2+8x-12$

556 (1) $f(x)+g(x)=2x-1$

(2) $f(x)g(x)=x^2-x-2$

(3) $f(x)=x+1,\ g(x)=x-2$

557 $f(x)=\dfrac{7}{6}x^2+\dfrac{7}{3}x+\dfrac{5}{3}$

558 (1) $\dfrac{1}{3}(x+3)^3+C$ (2) $\dfrac{1}{9}(3x-4)^3+C$

(3) $\dfrac{1}{12}(3x-5)^4+C$

(4) $\dfrac{1}{4}(x+2)^3(x-2)+C$

559 (1) -3 (2) 3 (3) 9

560 (1) -24 (2) 0 (3) $\dfrac{27}{2}$ (4) $\dfrac{65}{3}$

(5) -16 (6) -3

561 (1) 0 (2) 0 (3) 4 (4) $\dfrac{50}{3}$

(5) $\dfrac{20}{3}$ (6) $\dfrac{3}{2}$

562 (1) $-\dfrac{3}{2}x^2+2x$ (2) $\dfrac{1}{3}x^3-3x-\dfrac{8}{3}$

563 (1) $-3x+2$ (2) $(x-2)(x+1)$

(3) $-x^2+7x$

564 (1) $\dfrac{125}{24}$ (2) $-\dfrac{22}{3}$ (3) 88 (4) 16

565 (1) 0 (2) 24 (3) $\dfrac{7}{2}$ (4) $-\dfrac{80}{3}$

566 (1) $\dfrac{17}{2}$ (2) $\dfrac{14}{3}$

567 (1) $-\dfrac{1}{6}$ (2) $-\dfrac{9}{2}$ (3) $-\dfrac{125}{24}$

(4) $-4\sqrt{3}$

568 $f(x)=9x-9$

569 $f(x)=6x^2-6x+1$

570 $\dfrac{11}{6}$

571 (1) $f(x)=4x-8$ (2) $f(x)=x^3-\dfrac{2}{3}$

(3) $f(x)=2x+1$

572 (1) $f(x)=3x-3$

(2) $f(x)=x^2-x+\dfrac{1}{6}$

573 (1) $f(x)=2x-2$, $a=-1$, 3

(2) $f(x)=4x+3$, $a=-5$

(3) $f(x)=-2x+4$, $a=4$

574 最大値 1 （$a=1$ のとき）

575 (1) $x=-1$ のとき極大，

$x=1$ のとき極小

(2) $x=0$ のとき極大，

$x=1$ のとき極小

576 $f(x)=3x^2+2x-1$

$g(x)=6x^2-2x+1$

$a=0$, $b=-5$

577 (1) $f(x)=x^2-\dfrac{7}{6}x-\dfrac{1}{3}$

(2) $f(x)=12x^2+\dfrac{36}{13}x-\dfrac{34}{13}$

578 $f(x)=x^2-\dfrac{2}{9}x$, $g(x)=-x+\dfrac{2}{9}$

579 (1) $\dfrac{1}{3}$ (2) $-\dfrac{5}{4}$

580 (1) $\dfrac{16}{3}$ (2) $\dfrac{46}{3}$ (3) $\dfrac{2}{3}$

581 (1) $\dfrac{4}{3}$ (2) $\dfrac{4}{3}$

582 (1) $\dfrac{4}{3}$ (2) $\dfrac{125}{6}$ (3) $\dfrac{1}{3}$ (4) 4

583 (1) $\dfrac{11}{3}$ (2) $\dfrac{9}{2}$

584 (1) 3 (2) $\dfrac{19}{4}$

585 (1) 10 (2) $\dfrac{5}{2}$

586 (1) 4 (2) $\dfrac{15}{4}$

587 (1) $\dfrac{9}{2}$ (2) $\dfrac{1}{6}$ (3) $4\sqrt{3}$ (4) $\dfrac{343}{24}$

588 (1) $y=-2x-1$, $y=6x-9$ (2) $\dfrac{16}{3}$

(3) $1:2$

589 (1) $0<a<2$ のとき $-\dfrac{1}{2}a^2+2a$,

$2\leqq a$ のとき $\dfrac{1}{2}a^2-2a+4$

(2) $0<a<3$ のとき $a^2-3a+\dfrac{9}{2}$,

$3\leqq a$ のとき $3a-\dfrac{9}{2}$

590 $a=2\sqrt[3]{6}$

591 $a=6-3\sqrt[3]{4}$

592 $\dfrac{8\sqrt{2}}{3}$

593 略

594 (1) $\dfrac{4}{3}$ (2) 8 (3) $\dfrac{1}{2}$

595 $\dfrac{27}{2}$

596 接線は $y=-2x-1$，面積は $\dfrac{9}{4}$

597 (1) $\dfrac{7}{3}$ (2) $\dfrac{17}{2}$ (3) $\dfrac{109}{6}$

598 $a=1$

599 (1) $t\leqq 0$ のとき $S(t)=-\dfrac{1}{2}t+\dfrac{1}{3}$，

$0\leqq t\leqq 1$ のとき $S(t)=\dfrac{1}{3}t^3-\dfrac{1}{2}t+\dfrac{1}{3}$，

$1\leqq t$ のとき $S(t)=\dfrac{1}{2}t-\dfrac{1}{3}$

(2) $\dfrac{2-\sqrt{2}}{6}$ $\left(t=\dfrac{\sqrt{2}}{2}\text{ のとき}\right)$

600 (1) $S(a)=\begin{cases} -2a+3 & (a\leqq 1) \\ 2a^2-6a+5 & (1\leqq a\leqq 2) \\ 2a-3 & (2\leqq a) \end{cases}$

(2) $a=\dfrac{3}{2}$ のとき最小値 $\dfrac{1}{2}$

601 (1) $y=-\dfrac{1}{2a}x+a^2+\dfrac{1}{2}$ (2) $a=\dfrac{1}{2}$

602 (1) $-\sqrt{2}\leqq a\leqq\sqrt{2}$

(2) $S(a)=\dfrac{1}{3}(\sqrt{2-a^2})^3$ (3) $\dfrac{2\sqrt{2}}{3}$

三角関数の表

A	$\sin A$	$\cos A$	$\tan A$	A	$\sin A$	$\cos A$	$\tan A$
0°	0.0000	1.0000	0.0000	45°	0.7071	0.7071	1.0000
1°	0.0175	0.9998	0.0175	46°	0.7193	0.6947	1.0355
2°	0.0349	0.9994	0.0349	47°	0.7314	0.6820	1.0724
3°	0.0523	0.9986	0.0524	48°	0.7431	0.6691	1.1106
4°	0.0698	0.9976	0.0699	49°	0.7547	0.6561	1.1504
5°	0.0872	0.9962	0.0875	50°	0.7660	0.6428	1.1918
6°	0.1045	0.9945	0.1051	51°	0.7771	0.6293	1.2349
7°	0.1219	0.9925	0.1228	52°	0.7880	0.6157	1.2799
8°	0.1392	0.9903	0.1405	53°	0.7986	0.6018	1.3270
9°	0.1564	0.9877	0.1584	54°	0.8090	0.5878	1.3764
10°	0.1736	0.9848	0.1763	55°	0.8192	0.5736	1.4281
11°	0.1908	0.9816	0.1944	56°	0.8290	0.5592	1.4826
12°	0.2079	0.9781	0.2126	57°	0.8387	0.5446	1.5399
13°	0.2250	0.9744	0.2309	58°	0.8480	0.5299	1.6003
14°	0.2419	0.9703	0.2493	59°	0.8572	0.5150	1.6643
15°	0.2588	0.9659	0.2679	60°	0.8660	0.5000	1.7321
16°	0.2756	0.9613	0.2867	61°	0.8746	0.4848	1.8040
17°	0.2924	0.9563	0.3057	62°	0.8829	0.4695	1.8807
18°	0.3090	0.9511	0.3249	63°	0.8910	0.4540	1.9626
19°	0.3256	0.9455	0.3443	64°	0.8988	0.4384	2.0503
20°	0.3420	0.9397	0.3640	65°	0.9063	0.4226	2.1445
21°	0.3584	0.9336	0.3839	66°	0.9135	0.4067	2.2460
22°	0.3746	0.9272	0.4040	67°	0.9205	0.3907	2.3559
23°	0.3907	0.9205	0.4245	68°	0.9272	0.3746	2.4751
24°	0.4067	0.9135	0.4452	69°	0.9336	0.3584	2.6051
25°	0.4226	0.9063	0.4663	70°	0.9397	0.3420	2.7475
26°	0.4384	0.8988	0.4877	71°	0.9455	0.3256	2.9042
27°	0.4540	0.8910	0.5095	72°	0.9511	0.3090	3.0777
28°	0.4695	0.8829	0.5317	73°	0.9563	0.2924	3.2709
29°	0.4848	0.8746	0.5543	74°	0.9613	0.2756	3.4874
30°	0.5000	0.8660	0.5774	75°	0.9659	0.2588	3.7321
31°	0.5150	0.8572	0.6009	76°	0.9703	0.2419	4.0108
32°	0.5299	0.8480	0.6249	77°	0.9744	0.2250	4.3315
33°	0.5446	0.8387	0.6494	78°	0.9781	0.2079	4.7046
34°	0.5592	0.8290	0.6745	79°	0.9816	0.1908	5.1446
35°	0.5736	0.8192	0.7002	80°	0.9848	0.1736	5.6713
36°	0.5878	0.8090	0.7265	81°	0.9877	0.1564	6.3138
37°	0.6018	0.7986	0.7536	82°	0.9903	0.1392	7.1154
38°	0.6157	0.7880	0.7813	83°	0.9925	0.1219	8.1443
39°	0.6293	0.7771	0.8098	84°	0.9945	0.1045	9.5144
40°	0.6428	0.7660	0.8391	85°	0.9962	0.0872	11.4301
41°	0.6561	0.7547	0.8693	86°	0.9976	0.0698	14.3007
42°	0.6691	0.7431	0.9004	87°	0.9986	0.0523	19.0811
43°	0.6820	0.7314	0.9325	88°	0.9994	0.0349	28.6363
44°	0.6947	0.7193	0.9657	89°	0.9998	0.0175	57.2900
45°	0.7071	0.7071	1.0000	90°	1.0000	0.0000	——

数	0	1	2	3	4	5	6	7	8	9
1.0	.0000	.0043	.0086	.0128	.0170	.0212	.0253	.0294	.0334	.0374
1.1	.0414	.0453	.0492	.0531	.0569	.0607	.0645	.0682	.0719	.0755
1.2	.0792	.0828	.0864	.0899	.0934	.0969	.1004	.1038	.1072	.1106
1.3	.1139	.1173	.1206	.1239	.1271	.1303	.1335	.1367	.1399	.1430
1.4	.1461	.1492	.1523	.1553	.1584	.1614	.1644	.1673	.1703	.1732
1.5	.1761	.1790	.1818	.1847	.1875	.1903	.1931	.1959	.1987	.2014
1.6	.2041	.2068	.2095	.2122	.2148	.2175	.2201	.2227	.2253	.2279
1.7	.2304	.2330	.2355	.2380	.2405	.2430	.2455	.2480	.2504	.2529
1.8	.2553	.2577	.2601	.2625	.2648	.2672	.2695	.2718	.2742	.2765
1.9	.2788	.2810	.2833	.2856	.2878	.2900	.2923	.2945	.2967	.2989
2.0	.3010	.3032	.3054	.3075	.3096	.3118	.3139	.3160	.3181	.3201
2.1	.3222	.3243	.3263	.3284	.3304	.3324	.3345	.3365	.3385	.3404
2.2	.3424	.3444	.3464	.3483	.3502	.3522	.3541	.3560	.3579	.3598
2.3	.3617	.3636	.3655	.3674	.3692	.3711	.3729	.3747	.3766	.3784
2.4	.3802	.3820	.3838	.3856	.3874	.3892	.3909	.3927	.3945	.3962
2.5	.3979	.3997	.4014	.4031	.4048	.4065	.4082	.4099	.4116	.4133
2.6	.4150	.4166	.4183	.4200	.4216	.4232	.4249	.4265	.4281	.4298
2.7	.4314	.4330	.4346	.4362	.4378	.4393	.4409	.4425	.4440	.4456
2.8	.4472	.4487	.4502	.4518	.4533	.4548	.4564	.4579	.4594	.4609
2.9	.4624	.4639	.4654	.4669	.4683	.4698	.4713	.4728	.4742	.4757
3.0	.4771	.4786	.4800	.4814	.4829	.4843	.4857	.4871	.4886	.4900
3.1	.4914	.4928	.4942	.4955	.4969	.4983	.4997	.5011	.5024	.5038
3.2	.5051	.5065	.5079	.5092	.5105	.5119	.5132	.5145	.5159	.5172
3.3	.5185	.5198	.5211	.5224	.5237	.5250	.5263	.5276	.5289	.5302
3.4	.5315	.5328	.5340	.5353	.5366	.5378	.5391	.5403	.5416	.5428
3.5	.5441	.5453	.5465	.5478	.5490	.5502	.5514	.5527	.5539	.5551
3.6	.5563	.5575	.5587	.5599	.5611	.5623	.5635	.5647	.5658	.5670
3.7	.5682	.5694	.5705	.5717	.5729	.5740	.5752	.5763	.5775	.5786
3.8	.5798	.5809	.5821	.5832	.5843	.5855	.5866	.5877	.5888	.5899
3.9	.5911	.5922	.5933	.5944	.5955	.5966	.5977	.5988	.5999	.6010
4.0	.6021	.6031	.6042	.6053	.6064	.6075	.6085	.6096	.6107	.6117
4.1	.6128	.6138	.6149	.6160	.6170	.6180	.6191	.6201	.6212	.6222
4.2	.6232	.6243	.6253	.6263	.6274	.6284	.6294	.6304	.6314	.6325
4.3	.6335	.6345	.6355	.6365	.6375	.6385	.6395	.6405	.6415	.6425
4.4	.6435	.6444	.6454	.6464	.6474	.6484	.6493	.6503	.6513	.6522
4.5	.6532	.6542	.6551	.6561	.6571	.6580	.6590	.6599	.6609	.6618
4.6	.6628	.6637	.6646	.6656	.6665	.6675	.6684	.6693	.6702	.6712
4.7	.6721	.6730	.6739	.6749	.6758	.6767	.6776	.6785	.6794	.6803
4.8	.6812	.6821	.6830	.6839	.6848	.6857	.6866	.6875	.6884	.6893
4.9	.6902	.6911	.6920	.6928	.6937	.6946	.6955	.6964	.6972	.6981
5.0	.6990	.6998	.7007	.7016	.7024	.7033	.7042	.7050	.7059	.7067
5.1	.7076	.7084	.7093	.7101	.7110	.7118	.7126	.7135	.7143	.7152
5.2	.7160	.7168	.7177	.7185	.7193	.7202	.7210	.7218	.7226	.7235
5.3	.7243	.7251	.7259	.7267	.7275	.7284	.7292	.7300	.7308	.7316
5.4	.7324	.7332	.7340	.7348	.7356	.7364	.7372	.7380	.7388	.7396

数	0	1	2	3	4	5	6	7	8	9
5.5	.7404	.7412	.7419	.7427	.7435	.7443	.7451	.7459	.7466	.7474
5.6	.7482	.7490	.7497	.7505	.7513	.7520	.7528	.7536	.7543	.7551
5.7	.7559	.7566	.7574	.7582	.7589	.7597	.7604	.7612	.7619	.7627
5.8	.7634	.7642	.7649	.7657	.7664	.7672	.7679	.7686	.7694	.7701
5.9	.7709	.7716	.7723	.7731	.7738	.7745	.7752	.7760	.7767	.7774
6.0	.7782	.7789	.7796	.7803	.7810	.7818	.7825	.7832	.7839	.7846
6.1	.7853	.7860	.7868	.7875	.7882	.7889	.7896	.7903	.7910	.7917
6.2	.7924	.7931	.7938	.7945	.7952	.7959	.7966	.7973	.7980	.7987
6.3	.7993	.8000	.8007	.8014	.8021	.8028	.8035	.8041	.8048	.8055
6.4	.8062	.8069	.8075	.8082	.8089	.8096	.8102	.8109	.8116	.8122
6.5	.8129	.8136	.8142	.8149	.8156	.8162	.8169	.8176	.8182	.8189
6.6	.8195	.8202	.8209	.8215	.8222	.8228	.8235	.8241	.8248	.8254
6.7	.8261	.8267	.8274	.8280	.8287	.8293	.8299	.8306	.8312	.8319
6.8	.8325	.8331	.8338	.8344	.8351	.8357	.8363	.8370	.8376	.8382
6.9	.8388	.8395	.8401	.8407	.8414	.8420	.8426	.8432	.8439	.8445
7.0	.8451	.8457	.8463	.8470	.8476	.8482	.8488	.8494	.8500	.8506
7.1	.8513	.8519	.8525	.8531	.8537	.8543	.8549	.8555	.8561	.8567
7.2	.8573	.8579	.8585	.8591	.8597	.8603	.8609	.8615	.8621	.8627
7.3	.8633	.8639	.8645	.8651	.8657	.8663	.8669	.8675	.8681	.8686
7.4	.8692	.8698	.8704	.8710	.8716	.8722	.8727	.8733	.8739	.8745
7.5	.8751	.8756	.8762	.8768	.8774	.8779	.8785	.8791	.8797	.8802
7.6	.8808	.8814	.8820	.8825	.8831	.8837	.8842	.8848	.8854	.8859
7.7	.8865	.8871	.8876	.8882	.8887	.8893	.8899	.8904	.8910	.8915
7.8	.8921	.8927	.8932	.8938	.8943	.8949	.8954	.8960	.8965	.8971
7.9	.8976	.8982	.8987	.8993	.8998	.9004	.9009	.9015	.9020	.9025
8.0	.9031	.9036	.9042	.9047	.9053	.9058	.9063	.9069	.9074	.9079
8.1	.9085	.9090	.9096	.9101	.9106	.9112	.9117	.9122	.9128	.9133
8.2	.9138	.9143	.9149	.9154	.9159	.9165	.9170	.9175	.9180	.9186
8.3	.9191	.9196	.9201	.9206	.9212	.9217	.9222	.9227	.9232	.9238
8.4	.9243	.9248	.9253	.9258	.9263	.9269	.9274	.9279	.9284	.9289
8.5	.9294	.9299	.9304	.9309	.9315	.9320	.9325	.9330	.9335	.9340
8.6	.9345	.9350	.9355	.9360	.9365	.9370	.9375	.9380	.9385	.9390
8.7	.9395	.9400	.9405	.9410	.9415	.9420	.9425	.9430	.9435	.9440
8.8	.9445	.9450	.9455	.9460	.9465	.9469	.9474	.9479	.9484	.9489
8.9	.9494	.9499	.9504	.9509	.9513	.9518	.9523	.9528	.9533	.9538
9.0	.9542	.9547	.9552	.9557	.9562	.9566	.9571	.9576	.9581	.9586
9.1	.9590	.9595	.9600	.9605	.9609	.9614	.9619	.9624	.9628	.9633
9.2	.9638	.9643	.9647	.9652	.9657	.9661	.9666	.9671	.9675	.9680
9.3	.9685	.9689	.9694	.9699	.9703	.9708	.9713	.9717	.9722	.9727
9.4	.9731	.9736	.9741	.9745	.9750	.9754	.9759	.9763	.9768	.9773
9.5	.9777	.9782	.9786	.9791	.9795	.9800	.9805	.9809	.9814	.9818
9.6	.9823	.9827	.9832	.9836	.9841	.9845	.9850	.9854	.9859	.9863
9.7	.9868	.9872	.9877	.9881	.9886	.9890	.9894	.9899	.9903	.9908
9.8	.9912	.9917	.9921	.9926	.9930	.9934	.9939	.9943	.9948	.9952
9.9	.9956	.9961	.9965	.9969	.9974	.9978	.9983	.9987	.9991	.9996

演習編デジタル版（詳解付）へのアクセスについて

＊右の QR コードからアクセス
することができますので，
ご利用ください。

QRコードは㈱デンソーウェーブの登録商標です。

例題から学ぶ数学Ⅱ　演習編

表紙・本文デザイン
エッジ・デザインオフィス

● 監修者——福島　國光

● 発行者——小田　良次

● 印刷所——共同印刷株式会社

● 発行所——実教出版株式会社

〒102-8377
東京都千代田区五番町5
電　話　〈営業〉(03) 3238-7777
　　　　〈編修〉(03) 3238-7785
　　　　〈総務〉(03) 3238-7700
https://www.jikkyo.co.jp/

002302023　　　　　　　　ISBN 978-4-407-35968-8